Brand Assets of Scientific Research Institutions
from the Perspective of Communication:

Take the Chinese Academy of Sciences as an Example

传播学视角下的
科研机构品牌资产：

以中国科学院为例

帅俊全／著

浙江教育出版社·杭州

前　言

　　品牌资产是品牌赋予产品的附加值，科研机构品牌资产是指能够让公众感知的由科研机构的名称、标志设计等特征所带来的，能够增加并提升其整体形象、社会效益以及经济效益的，并能为科研机构带来可持续发展、差异化的竞争优势及其高附加价值的无形资产之和。打造科研机构品牌资产的关键在于科学传播。

　　近年来，科学传播作为科研机构软实力的重要体现方式，受到越来越多科研机构的关注，例如美国国家航空航天局（NASA）、德国马克斯·普朗克学会（MPG）等。这些科研机构均注重最新科研成果的发布和科学知识在公众中的普及，在科学传播方面做了大量工作，取得了显著成果，也在国际社会中引起了广泛反响。在我国，随着创新驱动发展战略的实施，科技事业已经成为实现"中国梦"的重要引擎，承担重要使命的科研机构越来越重视形象塑造，并通过科学传播等方式来提升其自身在社会及公众心中的影响力。

　　长期以来，我国科研机构不仅在学术研究、科学探索等方面取得了众多成果，而且在推动社会经济发展等方面做出了巨大贡献。在新的历史时期，我国科研机构为创新型国家的建设提供了重要支撑。根据《中国科技统计年鉴》公布的数据，我国央属研发机构数近年来保持在 700 个左右。其中，中国科学院是我国在科学技术方面的最高学术机构和全国自然科学与高新技术的综合研究与发展中心。本书将以中国科学院为例，研究传播学视角下的科研机构品牌资产以及科学传播对科研机构品牌资产建设的作用及其作用机制。

2013 年，中国科学院开始高度重视科学传播工作，通过与传播媒体的深度合作，对 500 米口径球面射电望远镜（FAST）、世界首颗量子卫星"悟空号"等项目开展了深入且持续的报道，这些报道受到社会与公众的一致好评，成为典型的成功案例。但是，科研机构品牌资产的建设当前依然处于摸着石头过河的初期，科学传播对科研机构品牌资产建设的作用及其作用机制仍不清晰。面对纷繁复杂的科学传播素材和多类型媒体传播渠道，科研机构如何优选科学传播策略的决策辅助方法值得探讨。本书以中国科学院为例，通过对科学传播和品牌战略的系统研究，实现科学传播战略的理论创新与方法创新，旨在为以中国科学院为代表的科研机构的品牌资产建设提供参考。

帅俊全

2024 年 2 月

目 录

CONTENTS

第三章 | 基于品牌资产视角的科学传播过程机理分析

第四章 | 科研机构品牌资产五维关系模型及实证研究

第一章

问题的提出
与研究的设计

科研机构科学传播研究的现实背景

一、科研机构进行科学传播的现状和挑战

随着信息技术的不断发展,传播理念的不断升级,人类社会进入融媒体时代。信息技术的发展使得每一个人都能成为传播者,与此同时,信息的传播更加快捷,信息的反馈更加及时,重要信息产生的影响也更大。报纸、广播、电视等传统媒体不断寻求发展创新突破口:有的不断打通中间环节,从而使消息的传播速度更快;有的则更重视信息深度,在内容上寻求第二落点。在转型的同时,传统媒体也纷纷投入资金、人才、技术,打造自己的新媒体平台。2017 年 2 月 19 日,适逢习近平总书记主持召开党的新闻舆论工作座谈会一周年,人民日报、中央电视台、新华社在移动直播领域尝试创新,人民日报推出全国移动直播平台"人民直播",新华社启动"现场云"全国服务平台,中央电视台打造"央视新闻移动网"。至此,主流媒体拉开了新媒体移动直播时代的帷幕。新媒体和传统媒体有机融合构成了一条融媒体发展之路。与此同时,今日头条、澎湃网、果壳等多家新兴的网络媒体,也利用新媒体的诸多优势,在新闻的传播中不断发力。在全媒体时代,虽然竞争激烈,但无论传统媒体还是网络媒体,只要提前策划、敢于创新,就可以打造大小屏共融的"爆款"产品,从而在竞争中获得影响力(帅俊全 等,2019)。

此外,科研机构也开始注重利用新的技术手段进行科学传播,提升其

独特竞争力和社会形象。以中国科学院为代表的科研机构纷纷建立了自己的微信公众号，并开发各种适合移动互联网传播的产品进行科学传播。科研机构自身建立的公众号，虽然有其权威性和独家优势，但是由于缺乏管理和运营的专业人才，在传播内容的处理以及传播素材的把握上，还有很大的提升空间。

无论是传统主流媒体的融合发展，还是新媒体的各种创新，都在不断改变着受众接受信息的习惯，也使得受众有了更为直接的表达和反馈方式，这也导致重要信息往往会在很短的时间内就产生很大的社会影响。主动有效的科学传播经常能够产生好的影响，让科研机构的影响力、公信力进一步增强，而不当的信息传播则更容易造成不良影响，不良影响一旦形成，还会不断发酵，破坏科研机构的形象和声誉。所以在融媒体时代，有策略的科学传播对科研机构品牌资产的建设至关重要。

实践表明，在新的历史时期，科研机构有必要通过科学传播来提升其品牌形象。首先，我国正处于经济社会发展转型的关键时期，科学事业的发展关系到国家发展、民族振兴，使我国建设成为世界科技强国是我国科研机构明确的责任和使命。所以，科研机构不仅要做好科研工作，培养创新人才，还要通过科学传播让政府、社会、公众受益于其科研成果，感知到其为建设世界科技强国所付出的努力。只有具备了这样的实力和声誉，我国科研机构才能在国家发展的新征途上发挥更有力的作用，做出更大贡献。其次，不同的科研机构之间的竞争是科研机构必然要面对的挑战，即使是实力雄厚的科研机构，在发展中也需要面对经营的风险、资源的竞争和巨大的压力，只有具备了良好的实力和口碑，才能更好地承担国家重大项目，与地方和科学共同体进行合作。

二、科研机构进行科学传播的得与失

在本小节中,笔者将对我国科研机构在科学传播方面做出的贡献与遇到的问题展开分析,部分内容以我国战略科技力量主力军——中国科学院面临的情况为参考。作为科技创新力量的国家队,中国科学院在我国建设世界科技强国的道路上肩负着非常重要的使命。中国科学院按照习近平总书记曾提出的"三个面向"以及"四个率先"要求,于2014年启动"率先计划"。这意味着中国科学院要面向世界科技前沿、面向国家重大需求、面向国民经济主战场这三个方向展开科学研究,率先实现科学技术跨越发展、建成国家创新人才高地、建成国家高水平科技智库和建设国际一流科研机构这四个目标。

为了做好科学传播工作,中国科学院在2013年开始重点关注新闻传播、科学普及、舆情监督等工作,取得了一定成效。500米口径球面射电望远镜FAST建成并发现脉冲星、"墨子号"量子卫星成功发射并完成三大科学实验任务(量子纠缠分发、量子密钥分发、量子隐形传态)、世界首例体细胞克隆猴在中国诞生等重大成果的科学传播取得广泛社会影响,传递了我国科技创新的正能量,这些科技成果也多次作为典型成果在国家领导人的讲话中被提及;渤海粮仓项目大幅提升盐碱地小麦种植产量,煤制油、甲醇制烯烃等项目提供了能源利用的新方法,这样一系列惠及社会民生和经济发展的新成果也提升了中国科学院在社会公众心目中的形象;中国科学院在月球探测、载人深潜、国防军工等领域取得的重大成果,则彰显了中国科学院作为科技创新国家队在建设世界科技强国征途上的担当。此外,中国科学院自主策划的多个系列宣传报道,也起到了很好的科学传播效果。其参与策划的《机智过人》《我是未来》等科学综艺节目分别在中央电视台和湖南电视台播出后，也吸引了一批年轻观众，扩大了科学节目的收视群体，以人们喜闻乐见的方式传播了前沿科技成果；"公众科学日""媒体记者行"等体验活动，让受众与创新成果"零距离"接触，也让很多"默默耕耘"的科学家和他们的科研成果能够为大众所知，展现了我国科研工作者的精神风貌。

随着国家对科技创新的高度重视，媒体也更加关注我国科学事业的发展，更加聚焦科研机构的发展和成果。诸多案例显示，科学传播能够为科研机构带来好的声誉，提升其在社会和公众心目中的形象，增强其公信力。但是，值得警惕的是，不当的传播会对科研机构产生一定的负面影响，甚至带来舆论危机。以下列举几类不当传播的典型案例：

第一类，部分媒体出于猎奇、炒作等心理，对科研技术成果进行夸大宣传。例如，"一滴血可测癌症""100升可燃冰可使汽车行驶5万公里"等新闻的报道，导致社会公众对相关事物的认知产生偏差，而后受到专业研究人士的质疑，最后相关科研机构和媒体都遭到抨击，公信力受到严重损害。

第二类，部分媒体曾为吸引眼球或达到其他目的，恶意曲解科研机构的科研成果。比如，个别媒体极其关注我国量子卫星和相关科研成果，用"震惊世界""终极武器""永久解决""军事战争"等耸人听闻的词汇来博得关注。

第三类，部分媒体在不恰当的时空条件下，以不合理的方式曝光前沿科学技术。某些新兴技术，比如转基因技术、核能利用技术等，这些技术还未经过历史检验，在科学共同体内部还存在争议，或者牵涉道德伦理，社会公众对这类技术普遍持观望和质疑态度。媒体推进这类科学技术的传播容易引起受众质疑甚至产生负面影响。

因此，有策略地进行科学传播，尽量控制不当传播造成的负面影响，并通过有效的科学传播提升自身在政府、社会、公众心目中的形象，已成为新的历史时期科研机构重点关注的内容之一。

虽然科研机构品牌形象提升、品牌资产增值的方式有很多，比如提升科研成果水平，提高科研人员素养，增强独特竞争力，等等。但是现在绝大多数科研机构已经明确意识到，做好科学传播工作，是科研机构品牌形象建设和品牌资产提升不可忽视的部分。科学传播不仅有利于科学普及，提升国民科学素养，塑造社会创新文化，同时也能为科研机构的可持续健康发展提供良好的生态环境，从而更好地塑造科研机构的品牌形象。在科学传播工作越来越受到重视的大趋势下，有必要建立符合现代传播特征的科学传播模型，用以指导科学传播工作。

第二节
科研机构科学传播研究的意义

一、科研机构科学传播研究的实践意义

1. 有助于科研机构建立科学的传播机制和传播策略

在新的历史时期，科研机构的长远发展既有赖于自身努力，也必须依靠外部支持。在融媒体时代，信息纷繁复杂，无论是科研院所还是科学家个人，言行不慎都容易陷入舆论危机；如果不通过正规、合理的渠道对科研成果进行科学传播，则可能引起争议。科研院所的科研成果如果无法

得到有效的科学传播，将面临社会对其认可度下降、自身竞争力下降等风险。因此，有策略的科学传播可以为科研机构可持续发展提供健康的舆论氛围和生态环境，有助于进一步发挥科研机构在促进国家经济社会发展、提升国民科学素养等方面起到积极作用，体现科研机构实力，增强其抵御风险能力，提高其在各种挑战中的竞争力，帮助其实现健康可持续发展。

本书将在界定中国科学院品牌资产的基础上，通过对"中国天眼"FAST、世界首例体细胞克隆猴等典型传播案例的分析研究，提出科研机构科学传播作用机制模型，为科研机构科学传播策略提供前瞻性和可行性建议。

中国科学院在全国范围内有上百个研究机构，还有覆盖全球的科研台站、合作机构，有近千名中国科学院院士和数万名科技工作者，每年产出的科研成果数量可观。建立科学的传播机制，对能够突显中国科学院品牌形象的素材进行整理和集中，有针对性地进行传播。这样不仅可以提高社会公众的科学文化和科学精神素养，同时也能增强中国科学院在社会公众中的知名度和美誉度，把中国科学院建设成一支社会各界公认的科技创新国家队。

2. 对科研机构的品牌资产建设提供指导

基于品牌资产的科学传播作用机制模型，不仅适用于中国科学院的品牌资产建设，对其他大多数科研机构的科学传播都具有重要的指导意义。在现实社会中，部分科研机构曾因为宣传过度、不实宣传或自身的不当行为，致使公信力下降，面临公众信任危机。因此，越来越多的科研机构开始注重品牌资产的建设，很多机构都设立了专门的新闻发言人和危机应急处理部门，但缺乏系统有效的指导。因此，本书旨在为科研机构进行品牌资产建设提供思路和参考依据。

二、科研机构科学传播研究的理论意义

1. 丰富和发展品牌相关理论研究

国内外学术界关于企业品牌资产管理问题的研究非常丰富，有很多理论学说和应用案例。国外学者，以卡普费雷、艾克和凯勒等为代表，专注于品牌理论的研究，各自引领和开创了不同的研究路径；近年来，国内一批学者也在品牌资产、品牌关系、品牌竞争力等方面进行了深入研究。但是，以往研究主要从企业角度出发，关注的是产品和消费者；如何对科研机构品牌资产建设进行界定和管理，这方面的研究较少。虽然从20世纪90年代非营利组织品牌研究出现以来，国外已经有部分学者从事相关研究，不过都基本停留在非营利组织品牌的内涵、核心价值、制约因素、模型构建等方面。在文献研究方面还存在很多有待研究的内容，比如不同类型非营利组织的品牌研究，非营利组织品牌影响因素作用机制，等等。国内开展科研机构乃至非营利组织品牌资产研究的时间更晚，现在还处于起步阶段，近几年仅有中国科技大学汤书昆教授等少数学者对科研机构形象资产管理的内涵及建设路径等进行了相关研究。

在国内外现有的研究基础上，本书将以中国科学院为例，提出并界定科研机构品牌资产的定义与内涵，探究科研机构在组织属性、运营机制以及成果产出等方面与企业的差异，构建与开发科研机构品牌资产维度，研究科学传播对科研机构品牌资产建设的作用及其作用机制，以丰富品牌资产在非营利性组织方面的研究。

2. 完善和推进科学传播作用机制以及影响力研究

现有的针对科学传播的研究大多是从传播学角度出发的定性研究。

本书将在科学传播研究的基础上，引入品牌资产的相关内容，建立基于品牌资产理论的科研机构科学传播作用机制模型。该模型对科学传播素材、传播渠道、传播受众、受众感知、受众行为等各要素进行了分析，可用于描述科学传播对受众认知和行为的影响机制，表现科学传播的传播、接触、提升、保持等四阶段的内在规律，分析传播素材、传播渠道、受众认知、受众行为等多要素属性，有利于补充和丰富现有科学传播模型。

科学传播的过程是动态的，对传播效果的评价以及影响力的测量都非常困难。本书运用现有技术手段，结合品牌资产的科学传播作用机制模型，通过广度、深度、强度、效度等四个层面，设计了可观测、可计算的传播影响力指标体系，也进一步推进了科学传播影响力的研究。

第三节
研究内容与方法

一、研究内容

1. 科研机构品牌资产的内涵界定

（1）对比科研机构和营利组织品牌资产的异同

以中国科学院为代表的科研机构是非营利组织，与以营利为目的和宗旨的营利组织存在很多不同的特质。例如，中国科学院"公有制、非营利、教育性"的性质，决定了其品牌资产的内涵与企业品牌资产的内涵存在着显著差异。

（2）界定科研机构品牌资产内涵

以中国科学院的战略目标、科研活动规律、科研管理等特征为基础，通过探究中国科学院作为国家科研机构在其组织属性、运营机制以及成果产出等方面与企业的差异点和共同点，在营利组织品牌资产的研究基础上界定"科研机构品牌资产"的内涵与外延。

2. 科研机构品牌资产模型构建

（1）模型与方法构建

通过查阅文献报告，利用相关性分析等方法，探究以中国科学院为代表的科研机构品牌资产的影响因素，借鉴艾克的品牌资产五星模型和凯勒的CBBE（Customer-Based Brand Equity）品牌资产模型原理，采用结构方程模型分析构建科研机构品牌资产模型，量化分析科研机构品牌资产维度关系。

（2）中国科学院品牌资产实证研究

针对构建的科研机构品牌资产模型和量化的科研机构品牌资产维度，采用问卷调查和深度访谈相结合的方法，通过调研数据，对科研机构品牌资产进行实证研究。

3. 科学传播作用于科研机构品牌资产建设相关机制研究

（1）科学传播使科研机构品牌资产增值的机理分析

科学传播使科研机构品牌资产增值的路径较为复杂，包括科学教育活动、社会公众活动、大众媒介传播、专家学术交流等。本研究旨在通过探究分析科学传播使科研机构品牌资产增值的机理，帮助科研机构选择最佳路径，最大限度地进行科学传播，达到提升科研机构品牌资产的最终目的。

（2）科学传播作用于科研机构品牌资产建设相关机制的模型与方法构建

针对科研机构品牌资产的可测量维度，分析科学传播使科研机构品牌资产增值的作用路径，进而通过回归模型等定量化数学建模方法，建立科学传播作用于科研机构品牌资产建设相关机制的整合模型。

（3）科学传播使科研机构品牌资产增值实证研究——以重大科学活动为例

以中国科学院战略性先导科技专项、大科学装置等重大科学活动为案例，如"中国天眼"FAST、世界首例体细胞克隆猴，对科学传播使科研机构品牌资产增值进行实证研究，分析重大活动科学传播的组织策划、传播渠道、传播形式、受众分布以及传播所取得的效果。

4. 科研机构科学传播策略问题研究

仍以中国科学院战略性先导科技专项、大科学装置等重大科学活动为例，针对受众类型的基本特征，设定传播目标，对比分析不同传播素材、传播媒介、传播形式等要素在特定时间、有限投入、有限媒体资源等条件限制下的传播效果，从而制定可以量化的科学传播策略优选模型，使得传播影响力达到最大化。

二、研究方法

基于品牌资产和科学传播的参考文献，查阅理论资料。开展科学传播过程的机理分析，从传播素材到传播目的，逐个环节梳理要素和过程，建立科学传播作用于科研机构品牌资产建设相关机制的模型。

从科研机构科学传播作用机制模型中对受众认知层面的刻画方法入手，以品牌资产理论为指导，对比分析科研机构和企业的差异，建立科研机构品牌资产的概念，进而确定科研机构品牌资产的刻画维度；利用问卷调研方法，收集受众数据，运用结构方程模型，建立科研机构品牌资产五维模型,刻画科研机构品牌资产相关维度的相互作用关系,研究受众认知形成过程。

采集典型科学传播案例的传播数据和受众认知数据,以数理统计理论为指导,分析科学传播对品牌资产模型中相关维度的作用机制,分析影响受众认知的因素。

针对科研机构制定科学传播策略过程中遇到的实际问题,综合运用品牌资产模型和作用机制相关研究成果,通过数学规划模型方法,建立科研机构传播策略优选模型,对科研机构科学传播工作提出可行性建议。

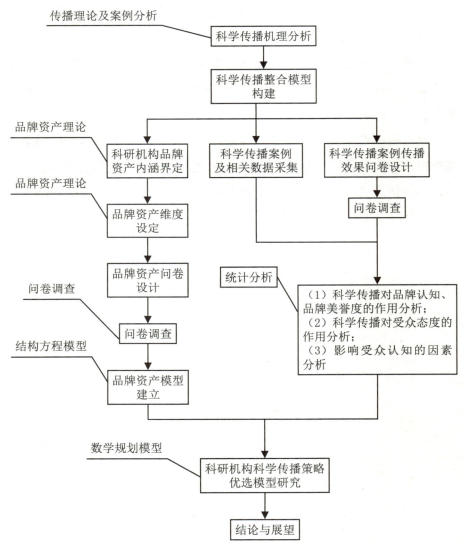

图 1.1　本书研究技术路线图

第二章

理论基础
及文献综述

近年来,国内外学术界对企业品牌资产管理与科学传播进行了深入的研究。但是,关于科研机构品牌资产,尤其是其中非营利性组织品牌资产的研究较少,这些领域仍存在很多亟待探索和分析的内容,比如不同类型科研机构品牌的比较与分析,科研机构品牌建设影响因素及其作用机制,等等。

第一节
品牌资产相关理论

一、品牌资产内涵及特征

1. 品牌资产内涵

20世纪50年代开始,营销界最为推崇的营销概念之一就是品牌资产(Brand Equity),这一概念成为营销界人士和学者的关注重点,最主要的原因在于企业股东对营收的要求促使企业需要为品牌赋予更多的价值,另一原因则是外部竞争压力要求企业必须重视品牌资产。

最早由美国广告业提出的"品牌资产"一词,经艾克和凯勒(Aaker & Keller,1990)在其发表的文章中使用后,在学术界产生重要影响,开始被商业界广泛关注并应用。20世纪90年代初,品牌资产的概念传播至我国,并为我国企业所重视。但人们在实际应用品牌资产这一概念的过程中,常遇到品牌资产评估方法不统一、概念理解存在差异等情况,即便是在品牌资产概念起源地的西方,迄今也尚未形成一个广泛被接受的定义。

对于如何界定品牌资产,国内外研究学者基于研究目的的不同以及研究角度的差异对品牌资产给出了不同的解释,尽管学术界缺乏对品牌资产的统一定义,但学者们多根据目前国内外的研究成果,从财务视角、顾客视角以及市场视角对品牌资产进行界定（张冉,2013）。

（1）财务视角

财务视角的品牌资产往往指其为企业产品或服务所带来的现金收益,强调企业在产品竞争中由品牌所带来的利益（Judd , 2004）。

卡罗尔和玛丽（Carol & Mary,1993）基于财务角度将品牌资产定义为：与无品牌的同质产品相比,拥有品牌的产品销售所获得的现金流的增量。与此相类似的是,贝尔（Biel,1992）指出,品牌资产是指品牌与潜在产品相联系而额外取得的未来现金流。

（2）市场视角

市场视角的品牌资产定义是：品牌产品或服务与非品牌产品或服务间的盈利能力之差,即品牌在市场上的竞争优势。这种优势能够促使消费者形成品牌忠诚,进而增加企业利润。

美国营销科学学会（MSI）指出,品牌资产被消费者认为是一组联想和行为,它能帮助企业获得更大的利润空间。斯里瓦斯特和肖克尔(Srivast & Shocker,1991)在MSI界定的品牌资产内涵的基础上,将品牌资产划分为两个维度——品牌强度和品牌价值,前者是因品牌消费者、渠道成员和母公司对品牌的联想和行为而产生的具有持久性的竞争优势,而后者则因拥有品牌而展示出抵御风险的能力。库桑等人（Kusum et al.,2003）则指出,品牌能够给企业的产品或服务带来附加价值,这种附加价值就是品牌资产。

（3）消费者视角

从消费者的视角出发,学者认为品牌资产的价值基于消费者对品牌的认可,此角度下的品牌资产关注消费者的认知和情感,消费者的态度和行为是品牌资产的价值来源。

艾克(Aaker,1991)将品牌资产定义为"与品牌、品牌名称和品牌标识等相联系的资产或负债,能够通过企业产品或服务增加或减少顾客的价值"。此后凯勒(Keller,1993)提出基于顾客的品牌资产,并将其定义为"品牌知识在消费者对品牌营销态度变化过程中起到的作用"。马宝龙等(2015)也从顾客角度出发,认为品牌资产应以顾客为中心,具有强大价值的品牌能够与顾客建立联系,使顾客联想到其所代表的价值。

品牌主要来源于企业等营利组织,在 20 世纪 90 年代,学界才开始对非营利组织品牌有所研究,雷是最早研究非营利组织品牌的学者之一。不同学者对于非营利组织的品牌内涵也界定不一。里奇等人(Ritchie et al.,1998)指出,非营利组织的品牌是一种与组织精神一致的信息,可以帮助其与受众进行有效沟通。博斯克(Bosc,2002)指出,品牌是一种组合,包括名称、标识、个性和承诺等,可以使其被大众更好地理解。关于非营利组织品牌个性的研究,大多基于慈善组织展开。萨金特等人(Sargeant et al.,2008)就是典型的代表,他们对英国九家大型慈善组织的个体捐赠者进行调查研究,构建了一个包括三维度的慈善组织品牌个性概念模型。另一位代表性学者费尔克洛斯(Faircloth,2005)从资源提供者视角对品牌资产内涵进行界定,并进行了模型构建。

2. 品牌资产特征

(1)无形性

品牌资产与产品或服务的声誉、符号、消费者感知等方面存在密切关联,尽管能为企业带来巨大收益,但是具有无形性,不可触摸亦不能直接通过现金衡量,因此品牌资产是一种无形资产。

（2）收益性

与无品牌的产品或服务相比,拥有品牌的产品或服务在消费者做出选择和购买决策的过程中占有竞争优势,可促使消费者形成购买忠诚,能为企业带来巨大利润空间和市场占有率。企业的品牌资产不仅能为企业带来财务的增值,也在提升企业潜在收益上发挥重要作用。

（3）长期性

品牌资产的收益具有长期性,品牌资产会随着时间的推移而逐渐产生增值效应,品牌资产的识别功能和竞争功能也会随时间不断加强,消费者对品牌的感知度和忠诚度也逐渐提升,进而能够获得长期性的利益。

二、品牌资产测量及评估模型

1. 营利组织经典模型

（1）艾克的"五维度"概念模型

艾克（Aaker，1991）在品牌形象的基础上提出了品牌资产五星模型,该模型的要素包括品牌知名度（Brand Awareness）、品牌忠诚（Brand Loyalty）、品牌联想（Brand Association）、感知质量（Perceived Quality）以及其他专有资产（Other Proprietary Brand Assets）,具体解释见图 2.1。

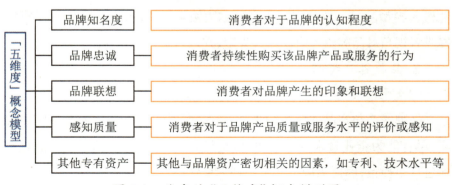

图 2.1　艾克的"五维度"概念模型图

后来,艾克(Aaker,1996)在以上五个维度的基础上进一步丰富了原有模型,提出了品牌资产"五维度十要素"模型,将品牌资产结构进一步具体为溢价、满意/忠诚、感知质量、领导能力、感知价值、品牌个性、公司组织联想、品牌知名度、市场份额和价格等十个子维度。艾克的品牌资产模型从消费者对品牌的心理认知和情感的角度研究品牌资产的多个要素,将消费者心理活动和产品的市场情况结合在一起,对此后的学术研究产生深远影响。

（2）凯勒的CBBE模型

凯勒(Keller,1993)基于消费者角度将品牌资产定义为"由顾客头脑中已有的品牌知识而导致的顾客对品牌反应的差异化"。凯勒(Keller,2001)所提出的CBBE模型认为品牌资产的价值主要来源于消费者的消费体验和消费感受,企业构建品牌资产需要从四个方面着手,包括品牌识别(Brand Identity)、品牌内涵(Brand Meaning)、品牌反应(Brand Responses)和品牌关系(Brand Relationships)。

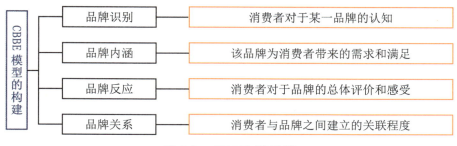

图2.2 CBBE模型图

凯勒(Keller,2001)认为,企业想要提升品牌资产,首先要构建消费者的品牌识别行为,然后重点建设品牌内涵,在此过程中关注消费者的品牌反应,最后建立消费者与品牌之间的关系。在这一过程中,消费者的品牌识别行为是基础。

此外，凯勒（Keller，2001）又将这四个层面进一步细分为六个维度——品牌认知（Brand Salience）、品牌绩效（Brand Performance）、品牌形象（Brand Imagery）、消费者评价（Customer Judgement）、消费者感受（Customer Feeling）以及消费者共鸣（Customer Resonance）。其中品牌认知来源于品牌识别，品牌内涵由品牌绩效和品牌形象共同构成，品牌反应则由消费者评价和消费者感受组成，与消费者构建的品牌关系则可以形成消费者共鸣。

（3）柳和东图（Yoo & Donthu，2001）的MBE模型

柳和东图基于消费者的角度，在艾克和凯勒两位学者研究的基础之上，通过对彩电、运动鞋和胶卷这三个物品相关行业中的十二个品牌的探究，构建了多维度品牌资产模型（Multidimensional Customer-Based Brand Equity）。通过研究发现，品牌意识和品牌联想属于密不可分的同一维度，品牌忠诚、感知质量以及品牌联想/意识是构成品牌资产的三个维度，见图2.3。柳和东图认为，感知质量、品牌意识/联想先影响品牌忠诚度，进而通过品牌忠诚度再影响品牌资产。品牌忠诚度与品牌资产的关系更近，因而是品牌资产中更高一级的维度。

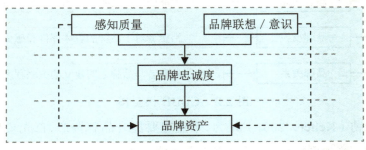

图 2.3　MBE 模型图

2. 非营利组织经典模型

（1）品牌流程化模型

品牌流程化模型由塔普于 1996 年构建。塔普（Tapp，1996）认为打造一个优秀的慈善组织品牌是一个流程化过程，包含了四项基本活动：一是理解利益相关者的品牌感受；二是创造独特的品牌身份；三是精选合适的品牌定位；四是向利益相关者宣传品牌定位。

（2）品牌导向模型

汉金森（Hankinson，2001）提出的品牌导向模型是基于针对慈善组织进行的研究构建的。汉金森在对英国排名前 500 的慈善组织实证分析的基础上，构建了品牌导向模型，该模型包括品牌理解、品牌传播、品牌的战略使用和品牌管理四个维度二十三个指标，已成为这一研究领域的标准模型。

（3）品牌PIA 模型

该模型由学者费尔克洛思于 2005 年构建。费尔克洛思（Faircloth，2005）从捐赠者视角分析后认为，非营利品牌资产由品牌个性、品牌形象和品牌意识构成，非营利组织品牌资产的构建也主要通过上述三个维度实施。

（4）品牌CFTP 模型

莱德勒-柯兰德和西蒙（Laidler-Kylander & Simonin，2009）构建的非营利组织品牌资产建设模型由一致性（Consistency）、焦点（Focus）、信任（Trust）和合作（Partnership）四个维度构成，模型构建者对这四个维度与非营利组织品牌资产的关系进行了研究。

（5）品牌IDEA 模型

该模型由学者娜塔莎和克里斯托弗（Nathalie & Christopher，2012）

构建,是一个由品牌真实性（Integrity）、民主性（Democracy）、伦理性（Ethics）和亲密性（Affinity）构成的品牌建设理论框架。这一理论模型实现了非营利机构品牌建设有形与无形要素的统一,也是近年来最新的研究成果之一。

3.品牌资产增值理论

现有关于企业品牌资产的研究体系已较为成熟,品牌资产管理的目的通常是促进企业的品牌资产增值,进而提升消费者对品牌的认知度,建立并保持消费者的品牌忠诚度。而品牌资产的增值必须做到五个方面：一是帮助品牌在变化的市场环境中保持核心价值与个性；二是培养品牌的核心能力；三是利用共同特性产生整合力量；四是合理分配企业资源；五是减少品牌内耗,即防止企业各品牌在市场竞争中内耗（谢长海,2015）。

如何通过品牌资产管理,提升企业的品牌资产价值？这一问题成为专家学者研究的重中之重。李逸和买忆媛（2016）通过对新创企业品牌资产管理的研究,发现新创企业的广告投入和研发投入会相互促进,且二者都会提升企业的品牌资产。林慧（2008）通过分析品牌资产管理的特点,针对高校品牌资产的特殊性,提出高校需要对知识产权部分进行登记管理等四项加强品牌资产增值的途径。徐鹏和赵军（2007）指出,品牌增值途径就是将品牌定位、品牌竞争战略选择、品牌沟通活动整合在一起,并通过市场营销活动来实现品牌资产的增值,赢得目标消费者的认可。同时,他们对具有产业集群特性的区域品牌资产管理进行了探讨,并就"区域品牌资产如何增值"提出包括整合传播模式等建议。张莹和孙名贵（2010）以饮料品牌为例,通过详细分析,提出具有可行性的品牌资产增值策略选择。

国内对于非营利机构品牌资产的研究还处于起步阶段。汤书昆等人（2017）将视野聚焦科研机构，诠释了科研机构形象资产管理的核心概念与内涵，在具备国有资产属性的科研机构研究中导入多种形象资产理念，从而让典型的科研机构能在大型公共组织中率先提升软实力，持续提升建设管理水平（薛可，左雨萌，2011）。

第二节
科学传播相关理论

"科学传播"作为近年来传播学研究的一个新兴领域，其相关研究涉及"科学传播"概念辨析、科学传播发展阶段和范式以及新媒体时代的科学传播等多个方面。随着科学技术的不断发展，科学传播在现代社会中的作用日益重要。

一、科学传播及传播效果内涵

"科学传播"英文为"Science Communication"，也有国外学者称之为"Scientific Communication"，前者包含了"技术传播"的意义。作为一个新兴的研究领域，科学传播的概念与其历史发展阶段密不可分。早在19世纪末20世纪初，科学技术迅速发展，我国产生了向公民普及科学技术和提升公民科学素养，即我们所说的"科普"（Science Popularization）的迫切需求。之后在20世纪下半叶，随着第二次世界大战的爆发，科学技术快速发展所带来的问题逐渐凸显，西方社会公众对科学的支持度降低，认为科学技术将成为社会的不稳定因素（朱巧燕，2015）。为了应对公众对科学的抵制，英国皇家学会于 1985 年发布了《公众理解科学》报告，指出应促进社会各界对科学的理解，"公众理解科学"（Public Understanding of Science）一词开始进入公众视野。然而随着地方性知识的增加以及公众越来越多地参与到科学决策的过程中，人们开始反思科学传播的过程，强调公众与科学家之间的"对话"以及公众意见对于科学发展的重要性，"公众参与科学"新范式应运而生，这种新范式的流行也成为"科学传播"（Science Communication）阶段开始的序幕。

不同时期科学、公众与社会的关系成了定义"科学普及"、"公众理解科学"和"科学传播"概念的依据，而现阶段，人们在实践过程中常常模糊其界限，将其交替使用。"科学传播"在当代的定义为：使用恰当的方法、媒介、活动来引发人们对科学的一种或者多种反应——意识、愉悦、兴趣、形成观点以及理解，而这些反应也可以成为评估科学传播效果的要素（T.W. 伯恩斯 等，2007）。

作为科学技术与社会公众间的桥梁与纽带，科学传播在提升国民素质、增强国家创新能力、促进国民经济稳步健康发展等方面具有重要的社会价值。科学传播是指科学资料、知识以及情报的交流、传播和共享活动，既包括用以传播和交流的科学知识，又包括用以传播和交流科学信息的物质手段（翟杰全 等，2002）。科学传播包括传统科普、公众理解科学和公众参与的科学传播三个阶段，正如刘华杰（2009）所指出的，在这三个阶段中，科学传播是一个比传统科普和公众理解科学更广泛的概念，包含后二者。

桑登和梅格曼（Sanden & Meijman，2008）将科学传播的目的性归纳为：（1）科学意识（PAS，Public Awareness of Science），即公众意识到

科学的必要性。（2）公众对科学的热情（PES，Public Engagement with Science），即通过科学传播提升社会公众对科学的热情。（3）公众参与（PPS，Public Participation in Science），即让公众参与到科学活动中。（4）公众理解科学（PUS，Public Understanding of Science），即通过科学传播让公众理解科学。

与科学传播相对应的则是传播效果，传播效果如何直接决定了科学传播的成功与否。在科学传播过程中，科研机构和媒体机构对传播效果都非常关注。传播效果可分为两类：一类"强调传播过程各要素的作用以及这些要素对受众所产生的影响"；一类"是传播过程中对受众、社会、传播者自身所发生的根本性变化"（周鸿铎，2004）。传播效果体现在三个层面上，一是认知层面，受众在接收传播的信息之后会产生各种直觉反应，从而会对其产生感知和认知变化；二是心理和态度层面，传播的信息作用于观念或价值体系，引起人们情绪或感情的变化；三是行为层面，从认知变化到态度变化再到付诸行动，是效果累积、深化和扩大的过程。

二、科学传播模型发展及演变

受传播学的影响，科学传播模型成为研究者关注的热点，研究者希望通过建立标准模型来反映科学传播活动，根据李泳涵（2008）、刘华杰（2009）以及刘兵和宗棕（2013）等学者的回顾研究，科学传播模型包括中心广播模型、缺失模型、民主模型和混合性论坛模型等。

1. 中心广播模型

该模型适用于计划经济时代，其主要目的是维护社会平稳运行，服从于国家和政府的需要。中心广播模型强调科学权威与科学信仰，着重具体知识和技术，忽略科学方法与过程，更不会主动讨论科学家的过失与科学的局限性。该模型中的科学属于"神圣"且"超人"的。

2. 缺失模型

缺失模型由杜兰特提出，作为早期最具影响力的理论模型，缺失模型主要建立在公众科学素养及科学态度调查结果的基础之上，该模型隐含了"知识是绝对正确的"这一假设（Durant，1989）。该模型的主要特点是主张尽管公众缺乏对科学知识的深层次理解，但是公众对科学知识抱有浓厚兴趣。1985年英国皇家学会发布的"博德默报告"，就是缺失模型的典型应用示例（刘兵，宗棕，2013），但是缺失模型存在固有缺陷，例如该模型把科学与社会关系的基本问题看作是公众对科学知识和理论的无知，尽管公众对科学存在浓厚兴趣，但是模型并未提供公众批评和质疑科学的机会（李正伟，刘兵，2003）。

3. 民主模型

杜兰特意识到缺失模型的缺点后，对该模型进行改良，形成"民主模型"。民主模型强调公众与科学家和政府间的平等对话，共同参与科学传播过程以及科学决策过程，成为科学传播的主体，一定程度上成为科学决策者。但是该模型也存在局限性，由于公众知识和专家知识是在相互隔离的状态下分别产生后再"接触"，二者代表完全不同的知识体系，在这种背景下公众与专家间的对话形式依然存在问题。

4. 混合性论坛模型

由于民主模型中公众知识和专家知识间的独立性，卡龙等人（Callon et al.，2009）提出"混合性论坛模型"，用以避免公众知识与专家知识间的割裂问题。该模型超越了制度化的表示方法，结论由专家知识和公众知识交换融合产生，最终形成共同发现、发展和可塑性的特性，可使公众与专家最终站在对方角度考虑问题而改变自己的观点。

四种模型的演变,揭示了专家知识对公众知识从不认可、忽视到认可的演进过程,同时也反映出科学传播走向具有反馈、参与多元立场共生的趋势(刘华杰,2007)。

三、传播效果评价方法相关研究

1.传播效果评价方法

科学传播的科学性问题由于涉及不同学科领域,往往较为复杂,存在很多不确定性,因此如何确定、量化并测量科学传播效果,是学者们试图探索并解决的研究问题(杜志刚,王军,2015)。

部分研究将某项科技的感知收益和感知风险作为衡量传播效果的评价指标。例如霍曼等人(Hallman et al.,2003)在其研究报告中指出,感知收益-收益模型对人们接受转基因技术的程度存在显著影响。同样地,梅兰妮与西格里斯特(Melanie & Siegrist,2010)也探究了哪些因素影响公众对转基因技术收益和风险的感知,研究表明社会公众对转基因药品(如疫苗)的接受程度(感知收益)远高于对转基因食品的接受程度(感知风险)。泰洛克(Tetlock,2002)指出,在社会心理学领域中,关于所谓的"认知革命"后果的许多研究(包括公众认知技术的研究),把人们分为直觉科学家或直觉经济学家,试图理解科学或将期望效用最大化。直觉逻辑引出了风险的概念,这种概念超越了合理的科学范畴。在公共领域,风险会在政治、伦理和情感上呈现出其特征(Douglas et al.,1983)。对于直觉公众来说,能否认知风险与担忧、希望、快乐和愤怒等主管情绪直接相关。此外对专家的信任和社会价值观,也在风险确定和风险认知的放大或衰减中发挥作用(Renn,1998)。

也有研究从科学传播的心理效果角度(如信任因素)衡量传播效果。

布鲁尔和利（Brewer & Ley，2001）认为信任因素是关于环境的科学信息在公众传播过程中扮演的核心角色，两位学者检验了人们对于不同特定来源的环境科学信息的信任程度。迪杰斯特拉和古特琳（Dijkstra & Gutteling，2012）根据生物技术和基因组学的定性数据，探究它们在社会公众中所处角色的异同点，发现公开性和透明性是获得公众信任的两个基本的传播要素。鲍尔等人（Bauer et al.，2007）回顾了 25 年来关于社会公众对于科学理解的关键热点问题，他们认为参与和商议是人们重新获得信任并修复公共和科学关系的重要方式。

2. 传播影响力

影响力在新闻传播领域最早指新闻宣传的效果，后在媒介经济学中被广泛使用。传媒经济以"二次售卖"为逻辑，本质上是一种"注意力经济"（郑丽勇 等，2010）。在"注意力经济"模式中，传统媒体如报纸和电视常常以收视率和发行量来衡量自身的传播影响力。而随着传播影响力研究的不断丰富，学者又将影响力分为"市场影响力"和"社会影响力"，而后者是现阶段学者研究较多的对象。

传播影响力的现有研究主要分为两个方面：传播影响力发生机制的研究和传播影响力评估体系的研究。浙江大学俞虹（2004）提出，传播影响力就是传播内容到达受众后产生的效果及其再释放所产生的最终结果，是接收者完成接受行为后，传播内容对个人和社会实际产生的影响力度。在这一定义的基础之上，可以将传播影响力的形成分为五个步骤，即媒介传播、个体接受、个体接受影响、影响再传播、影响力形成（黄柘，2006）。这一与拉扎斯菲尔德（Lazarsfeld）二级传播相关联的影响力形成模式，并成为传播影响力发生机制研究的主要范式。在影响力评估体系方面，学者们根据不同研究对象建立了不同的指标评价体系。对报纸、电视等传统媒体的评估主要以发行量、收视率以及满意度为主要指标,同时也关注其网络平台的关注度和收视度。而对网络媒体影响力的评估主要采用社会网络分析等新媒体研究方法,不同研究对象的指标建构有所不同,但总体上呈现出多维度的趋势。

3. 科学传播发展趋势

新媒体时代的到来为现阶段有反思的科学传播带来了新的变化。在依托新媒体技术的社会化媒体和网络社区不断发展的今天,公众参与科学议题讨论和科学决策的自主性不断增强,传播者和受传者之间的界限逐渐模糊,科学传播参与者的结构以及科学传播的方式和方法都发生了巨大的变化(金兼斌 等,2017)。在考虑科学传播大的框架和模型的同时,更应该关注从传播者到接受者的整个传播过程和互动反馈机制(吴玉兰 等,2013)。

此外,此前的研究更多关注科学传播的过程本身,未将受众接收信息后,信息对受众认知和行为产生的影响,纳入传播模型中进行刻画,造成在评价科学传播的效果时,更多关注的是传播的广度,例如收听收视率、点击率、转发数等指标,而缺乏对科学传播的终极目标的刻画。

第三节
传播策略相关理论

在传播活动中,传播者为了实现传播目的而采用的一系列符合受众者心理活动特点和规律的手段和方法被称为传播策略（刘京林，2005）。为制定有效的沟通策略，宣传旅游景点，高琴琴（2013）对现有文献进行研究，通过向游客发放调查问卷、与景区领导进行深度访谈以及对国内外成功的旅游景区进行案例分析的方法，指出张家界天门山旅游景区传播过程中存在的问题，在此基础上，提出适用于景区促进传播的公关策略、广告策略和媒介策略。刘德昌和付勇（2006）认为，旅游景区的推广应当从三个方面来进行，也就是行为传播、口碑传播和媒介传播，并详细说明了三个层面包含的内容和策略。李龙（2011）结合实际案例与调查研究，提出在新媒体环境下，旅游景区可以通过新病毒式营销模式、虚拟社区模式以及搜索引擎等模式进行传播。

在品牌形象传播的过程中，李忠宽（2003）认为应将品牌要素所传达的信息整合为一致性的信息，使消费者更好地认识品牌，并塑造一个良好的品牌形象；提出品牌言传、品牌思想和品牌行为的概念，建立品牌整合传播的结构模型，并以此阐述品牌形象的整合传播策略。许衍凤和范秀成（2017）在分析科技期刊品牌形象现状的基础之上，提出国内科技期刊存在品牌定位不明确、国际化程度低、缺乏专业性和科学性等问题，并提出了针对这些问题的相应传播策略，认为应当充分利用现代化传播技术，加强科技期刊品牌形象的传播。何德珍（2012）在对广西城市品牌形象传播策略进行研究时，通过对传播现状进行分析，总结了广西城市品牌形象传播的不足，根据广西的城市特色，提出广西应当以民族文化为核心对自身进行城市定位，形成城市的个性化风貌，以城市品牌进行差异化传播。

科学传播是科学知识通过扩散而使不同个体间实现知识共享的过程（Waterman et al.，1959）。从公众理解科学传播到公众参与科学传播的进程中，由于公众的信任危机以及科学共同体的出现，传统科学传播模型已经无法对现有情况进行解释。宋昕月（2017）提出，在新媒体环境下，应采取利益相关者参与决策、科学议程与公众议程相结合、线上谈论与线下交流相协调的策略，以期实现较以往更加高效的科学传播。褚建勋与陆阳丽（2013）制定了微博环境下的科学传播策略，针对微博新媒体的特征，从科学传播的模式、主体和内容入手，对修正机制、传递机制和评价机制三个方面进行了研究，提出在新媒体互动中培养意见领袖、整合传播渠道、完善相关法规等策略。在进行科学传播的非官方组织中，致力于向大众传播科学知识的个别组织取得了巨大的成功；在科学传播内容方面，侧重经验世界的"微"科学；在科学传播的话语方面，采用讲故事的方式吸引读者；还善于在社会公共事件和话题中寻找科学问题，并在短时间内形成推送；罗红（2011）对此进行了详细的研究，并为传统媒体改善科学传播策略提供了建议。

从传播策略制定的方法来看，将所要传播的全部信息在统一的策略指导下，以同一声音传播给目标受众的整合传播方式，自20世纪90年代诞生以来，就得到了广泛的重视和蓬勃的发展，被认为是品牌传播最有效的方法和手段之一（Sirgy，1998）。刘京林（2005）基于神经生物论、精神分析论、人本主义论、行为主义论和认知论五大心理学理论的视角，详细阐释了传播策略的制定与实施原理的由来。杜帕涅等（Dupagne et al，2006）提出在制定传播策略时应考虑媒介融合，充分发挥网页、电视、报纸等媒介的作用，实现更好的传播效果。安德烈等（Andrei et al，2017）使用两级单因素实验来测试传播策略对人们感知和行为的影响，并应用结构方程模型对收集到的数据进行分析。李玉艳和钱军（2016）通过对现有文献进行分析、归纳和总结，针对图书馆微信公众号传播的特点，提出了相应的传播策略。伊莲等（Helene，2019）采用建构主义理论的方法对议员与公众之间的传播策略进行研究，通过对698名英国和丹麦国会议员个人网站的内容分析，发现议员与公众之间的选区导向和以人为本等个性化传播策略可以强化议员与公众之间的联系。

第四节
文献述评

通过对国内外相关领域的文献研究，可以发现，尽管学术界对品牌资产的研究已较为成熟，但仍有不完善的地方。虽然已有研究主要针对以营利为主的商业企业的品牌资产，但是鲜有文献把研究对象设置为具有非营利特征的科研机构。科研机构对于国家综合实力的发展具有重要的战略意义，为提升科研机构在社会公众中的知名度和美誉度，有必要对以中国科学院为代表的科研机构的品牌资产进行研究。

尽管有大量研究从财务、市场和顾客等不同角度对品牌资产的内涵进行界定，但学术界仍未对品牌资产的内涵给出统一解释，对以中国科学院为代表的科研机构的品牌资产的定义更是缺失。国内外对于非营利组织的品牌研究从20世纪90年代才开始，虽然有不同学者从品牌信息观、品牌个性观和品牌资产观等不同角度对非营利组织品牌内涵进行界定，也构建了多种理论模型，但是相对于企业等营利组织的品牌研究而言，仍然存在着很多有待研究的领域。在我国，关于非营利组织的品牌研究还处于刚刚起步阶段，尤其是细化到科研机构的品牌研究更是极少，仅有少数学者对科研机构的形象资产内涵等进行研究。

　　本研究拟在国内外已有研究的基础上,对以中国科学院为代表的科研机构品牌资产的内涵进行定义。现有的非营利组织品牌研究主要是以西方慈善机构为对象,其活动内容、活动规律、活动目的等都与科研机构存在着较大区别。反之,科研机构的价值创造、与潜在客户的关系、活动目的等,在运行环节和操作要素上都与企业有很多互通性,因此,选择合适的企业品牌研究视角能够为科研机构品牌研究提供更多借鉴。在此基础上,本书将借鉴艾克的品牌资产五星模型和凯勒的CBBE品牌资产模型原理,构建科研机构品牌资产模型,设计科研机构品牌资产维度。

　　现有文献对传统科普、公众理解科学和公众参与的科学传播三个阶段进行了研究,并对中心广播模型、缺失模型、民主模型和混合性论坛模型这四种科学传播模型的演变发展进行了梳理。但是,已有研究大多是从传播学角度出发的定性研究,本书将在科学传播研究的基础上,引入品牌资产的相关内容,建立基于品牌资产理论的科研机构科学传播作用机制模型。该模型对科学传播素材、传播渠道、传播受众、受众感知、受众行为等全过程进行了刻画,而且重点关注科学传播的受众行为使得其利益相关者对科研机构产生的影响。由于科学传播是一个新兴的研究议题,因此关于评价方法研究仍存在一定局限。已有研究将某项科技的感知收益和感知风险作为衡量传播效果的评价指标,也有研究从科学传播的心理效果角度(如信任因素)衡量传播效果。本研究则引入科学传播影响力的概念,从广度、深度、强度、效度四个方面来评估科学传播的效果。

　　现有关于传播策略的研究涉及旅游景区传播、科学传播等多个领域,但研究方法主要为问卷调查、交流访谈、归纳总结等定性研究方法,缺乏定量分析与评价。本研究采用定量的方法,建立运筹学模型,对科研机构的传播策略进行优化,为科研机构传播策略的制定提供量化的依据。

第三章

基于品牌资产视角的科学传播过程机理分析

本章将在前面章节梳理文献、厘清现状的基础上，将品牌资产理论与科研机构特征相结合，阐述科研机构品牌资产的概念和内涵，以传播学经典模型为理论基础，分析科研机构的科学传播实践活动，建立融入品牌资产理论的科学传播作用机制模型，系统描述科学素材加工后形成传播内容，经过大众传播和特定传播两种途径传播，对受众认知产生影响，形成公众心目中的科研机构品牌形象，进而稳定影响受众行为的作用机理。

第一节
科研机构品牌资产的内涵界定

一、科研机构品牌资产的特征分析

国家科研机构，是国家建立并资助的科研机构，在其运行过程中体现国家意志、有组织、规模化地进行科研活动，具有"国有资产+科技共同体"特殊属性；近年来，国家科研机构管理也在发生变化，正在从以往历史上传统、封闭的内向型管理，走向现在的开放、外向型发展，迫切需要管理视野和管理手段的突破（许正良，2011）。

科研机构的非营利性质决定了它在品牌资产的定义上更适用于基于广义受众（社会公众）的"市场品牌力模型"和基于特定受众（政府、企业、科学共同体等）的"品牌—消费者关系模型"。通过品牌自身的成长与传播能力，把品牌资产与科研机构的品牌成长战略联系起来；通过建立和传播品牌内涵，强化品牌感知与品牌联想、品牌知名度与美誉度，进而强化品牌信任度与亲和力，提升品牌资产价值。

相比于西方学者研究的典型非营利机构——慈善机构，科研机构与其有着明显的区别。虽然都是非营利性组织，但是科研机构要通过科技创新产出学术成果乃至科技产品，并且要将这些研究成果应用于国家建设、经济发展中，通过社会反馈来调节其发展方向。而慈善机构在社会发展中是国家社会保障体系的一种补充，由政府倡导、民间团体和个人自愿组织与开展活动，其主要关注社会中不幸或弱势的个人及群体，对其实施不求回报的救助。

相对于属于营利机构的企业，科研机构虽然在其定位、特征、运行规律上有很多区别，但是在活动目的、与客户的关系、品牌作用等方面，也有很多相通的地方。比如，科研机构同样拥有客户群体，科研机构的科学传播对象就包括既有客户和潜在客户，科学传播同样会影响到客户对科研机构的认知，感受科研机构的实力，以及形成一定的客观认识。

二、科研机构品牌资产内涵

科研机构是典型的非营利机构，并不能像普通企业一样直接从消费者视角定义它的品牌资产，但是，现有关于消费者视角的品牌资产研究对科研机构品牌资产的研究和管理实践具有重要借鉴意义。在科研机构进行科学传播的过程中，传播对象包括科学共同体成员、企业、政府和公众，科学传播内容是科研机构提供的产品与服务。科研机构品牌资产是一种有价值的智慧财富，一种有知觉的无形资产，一个点燃在目标客户和社会公众心目中不可磨灭的深刻印象，承载着丰富内涵，源自一个"概念或点子"的所有联想、感受和与之相关的结论（张峰，2011）。

综上，科研机构品牌资产定义为"能够让社会公众感知的由科研机构的名称、标识设计所带来的,能够增加并提升其整体形象和社会效益以及经济效益的,并能为科研机构带来可持续发展的、差异化的竞争优势及其高附加价值的无形资产之和"。品牌是组织建立和维持竞争优势的关键资源(Aaker, 1991),对于非营利组织来说也不例外(Apaydin, 2011; Keller et al., 2011)。

三、科研机构品牌资产维度

借鉴艾克的品牌资产五星模型和凯勒的CBBE品牌资产模型原理,科研机构品牌资产维度具体分为品牌知名度、品牌美誉度、品牌联想度、感知实力,以及品牌信任度。

品牌知名度是社会公众心目中科研机构的存在强度,包括公众知晓度和理解准确度,可以使"客户"感知或回忆起某类产品或某项服务归属于该品牌。

品牌美誉度是社会公众对科研机构的主观评价集合,是公众对科研机构的形象和定位认知,包括机构的知名度、关注度、认可度和美誉度。

品牌联想度是社会公众记忆中与科研机构有关的任何事物,通常是指一系列与科研机构相关的形象联想。例如,提到国家航天局,就可以联想到"浩瀚宇宙""探索"等。

感知实力是社会公众对科研机构的硬实力和软实力的主观评价,包括对成果水平和科研人才等的主观评价。

品牌信任度是公众信赖科研机构履行其所声称能力的程度,品牌信任度是在感知实力的基础上,根据与科研机构的互动行为而进一步形成的,是对品牌认可程度的最终体现。

按照"认知-情感-行为"的逻辑,在科研机构品牌资产中,品牌知名度、品牌美誉度、品牌联想度、感知实力四个维度属于认知层面。品牌联想度是形成感知实力和品牌信任的情感基础之一。感知实力是受众在直接或间接接触科研机构相关事物中，形成行为决策的基础之一，是受众的切身感受。感受从认知层面到情感层面的转变是量变到质变的过程（Aaker，1992），品牌信任度刻画受众在情感层面对科研机构品牌的反应，是受众在科研机构品牌认知基础上做出行为决策的依据。

第二节
基于品牌资产理论的科学传播整合模型

一、科学传播过程分析

从科学传播的发展过程来看，科学传播早期经历了三个阶段，即传统"科学普及"（即"科普"）阶段、"公众理解科学"阶段以及"公众参与科学"阶段。在传统科普阶段，科学传播是单向无反馈的中心广播式传播，传播者站在国家（或政党）的立场，希望通过不断向公众传播科学知识来提高他们的科学素养；"公众理解科学"是一种"缺失模型"，传播者从"科学共同体"的立场出发，希望通过科学知识的传播来增加公众对科学的理解和支持；"公众参与科学"阶段又叫"有反思的科学传播"阶段，这一阶段的科学传播是一种"对话式"的模型，作为受传者的公众的意见开始被考虑，传播者开始站在公民的立场考虑问题（刘华杰，2007）。

以上发展过程在各国的实践并没有一个明确的先后顺序，但总的来说是一个"递进式"的过程。从科学传播的发展过程来看,科学传播的模式逐渐从单向无反馈走向多元反馈和互动。

随着媒介技术的不断发展,尤其是网络时代的到来,科学传播参与者发生了结构性的变化(马红岩,2014)。早期被定义为"纯粹"受传者的公众有了意见表达的虚拟公共空间,他们在一些科学议题上表现出强烈的参与欲望,对一些科学问题积极做出回应。例如,以"微博""微信"等社交媒体为例,对于一些媒体在微博上发布的科学新闻,很多网友会通过评论、转发等来表达自己对该科学议题的理解和意见,并在评论区自发展开讨论。在现阶段的科学传播中,公众的参与度比过去大大提高,公众对科学新闻和议题的反馈比以往表现得更加积极。公众的反馈是现阶段科学传播过程中十分重要的一环。

在这种情况下,相比过去单一主体的传播,现在科学传播机制的特点则是多元主体共生。除了以往的政府、科学共同体和媒体,公众也逐渐成为现阶段科学传播中重要的传播主体。各传播主体在进行科学传播的同时,也在接受其他主体的反馈。而在这一机制中,多元主体之间的互动反馈是实现有效的科学传播的关键要素。

科研机构作为重要的科研成果产出单位,拥有众多科学资源,在科学传播过程中扮演着重要的角色。对于科学共同体来说,进行科学传播的方式主要有两种:直接的科学传播和间接的科学传播。直接的科学传播包括开办讲座、举办科学节、组织科学咖啡馆等;间接的科学传播包括通过科学电视节目、网站和社交媒体进行科学传播等(Bowater et al.,2012)。在过去 10 年左右的时间里,举办科学节变得越来越流行(Bultitude,2009)。目前,英国的科学传播者表现得比较活跃,每年大概举办 11 个大型的科学节。间接的科学传播则是现代社会公众获取科学信息的主要渠道，也是科研机构传播科研成果的主要渠道。为了传播新近科研成果和相关科学知识以及议题，科研机构不仅会组织各种媒体召开新闻发布会，还会通过建立社交媒体账号的方式发布科学信息。例如美国国家航空航天局（NASA）在相当长的一段时间内，除了在学术期刊上发表论文，并未进行其他传播活动，导致其科研成果几乎无人知晓。在意识到这一点之后，NASA 组织了专门的公关队伍，开始举办科研成果的新闻发布会。此外，随着新媒体的不断发展，NASA 还在各社交网站建立专门的账号，现在已经在 14 个社交媒体平台上开设了 500 多个社交账号，在不同的平台以不同的形式发布不同的内容。在发布最新科研成果前，NASA 会通过其网站和社交平台的账号进行预告，以吸引眼球的字眼获取受众的关注，从而达到更好的传播效果。

作为科技创新力量的国家队，中国科学院也在社交平台上开设账号，仅在微信平台上就开设了中科院之声、中科院青年之声、中国科普博览等多个账号，并通过这些账号发布各个院所科研团队的最新科研成果，解读和社会热点事件相关的科学知识。尽管科研机构的官方账号相比于主流媒体账号关注度较低，但在一定程度上增加了科研机构的影响力。中国科学院院属科研机构和科研人员除了通过组织学术会议、发表专业文章来传播其最新科研成果，还会向媒体推送重点科研成果，希望通过大众传播产生更大的影响。比如，中国科学院战略性先导科技专项的立项、阶段性成果，都会组织新闻发布会邀请媒体进行报道，科研团队攻关的治疗阿尔茨海默病新药、小麦分子育种等与民生紧密相关的成果，也会在学术成果发表的同时向媒体推送，扩大其传播效果。

借助大众媒体渠道传播科学知识和信息，能够让科学信息迅速地到达广大受众。此外，作为科学研究的直接参与者，科研机构的科学家也是媒体获取相关科学新闻十分重要的信息源,在科学议题上,他们是比较受公众信赖的群体。因此,很多大众媒体也会通过采访科学家获得有新闻价值的素材,完成相关新闻的报道。媒体在报道很多社会热点事件的时候,都会涉及关于科学知识的答疑解惑,比如解释气体泄漏到底危险性如何,飞机失事之后究竟什么方式能够帮助人们寻找原因,等等。公信力较好的相关科研机构往往在此时会受到社会更多的关注,受众会希望听到科研人员的科学解读。

科研机构通过大众媒体向公众传递科学知识和信息的行为不仅能够让公众了解到国家目前重要的科研方向和相关进展,而且能够让公众在此基础上更好地参与到科学研究和决策的过程中,同时也能够为公众提供一些科学指导,提高公众的科学素养。

二、科学传播整合模型构建

从科学传播实践来看,将科学事件通过一定的传播方式,传递给受众,使得受众接收到相关信息,从中体会科学态度、科学精神,进而改变行为,而受众的反馈又会促使科学传播者调整相应的传播策略,形成互动。为刻画科学传播的全过程,在现阶段科学传播的背景下,本书通过分析科研机构与大众媒体的科学传播实践案例,结合品牌资产理论,建立了科研机构的科学传播作用机制模型,如图 3.1 所示。

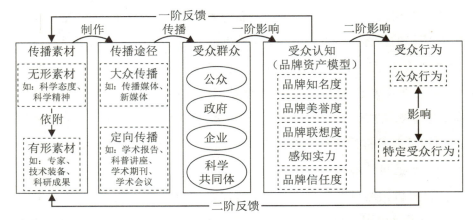

图 3.1　基于品牌资产理论的科学传播作用机制模型

　　科学传播的发起者是科研机构,传播素材包括有形素材和无形素材两大类,有形素材如科学成果、技术装备,以及从事科研活动的专家;无形素材是依附于有形素材的,如科学态度、科学精神等。在中国科学院,有形素材包括近千名的中国科学院院士、数万名科技工作者等科技人员,大科学装置、各种实验室、野外台站等技术装备,以及先导科技专项、科研攻关所取得的科研成果,等等;而无形素材则包含了老科学家身上的"两弹一星"精神,李振声和郑哲敏等国家最高科技奖获得者身上的爱国精神,南仁东和王逸平等科学家的时代楷模精神,以及潘建伟和裴端卿等年轻院士身上的开拓创新精神,等等。

　　传播途径可分为大众传播和定向传播两种类型,其中定向传播是科学共同体所熟知和不自觉采用的方式,包括开展学术报告、举办学术会议、发表学术文章等,所针对的特定受众包括政府、企业和科学共同体;大众传播指科研机构向媒体提供科学素材,或者通过邀请媒体组织新闻发布会等方式进行传播,也是能覆盖更大受众面的一种传播方式。随着新媒体的出现,大众传播媒介已经不再拘泥于传统的报纸、广播、电视,开始出现新媒体与传统媒体融合的趋势。科研机构往往通过新闻发布会、记者调研等多种形式,组织记者对传播素材及内容进行集中采访,从而形成关于新闻事件、关键人物、专家解读等内容的大量报道和转载传播,这也是现阶段在短时间内对某一特定内容进行科学传播最有效的手段之一。

学术报告、学术会议等特定传播是中国科学院的传统优势,而在大众传播方面,中国科学院会在科研团队取得重大科研成果时举行新闻发布会,向国内外发布最新成果;与此同时,中国科学院还会组织定期的例行新闻发布会和媒体记者行活动,带媒体记者深入走进遍布全国的科研院所和科学台站,通过现场调研和科学家的深入交流,挖掘科学家的科学态度和科学精神。比如在融媒体时代,新媒体最大的特征之一就是其强大的社交功能。受众可以在微信、微博、客户端等新媒体平台上发表自己的观点,与其他受众一同讨论,交流感受,进而相互影响,这种影响初期体现在认知层面,称为"一阶影响"。这里采用品牌资产模型来描述受众对科研机构的整体认知水平,包括对科研机构认知度、联想度、美誉度、感知实力等方面的感受;在此基础上出现的"一阶反馈",即可以观察到的"言语"层面的反馈,包括受众用言语描述对传播内容的感受、态度,对科研机构的评价等。

科学知识和信息通过两种渠道进行传播之后,随着时间推移,会对四种受众群体产生一定的影响。在受众认知层面,这种影响一方面体现在受众对科学事实的认识,对科学发展趋势的了解,另一方面体现在其对科研机构品牌(包括品牌的知名度、美誉度、联想度、感知实力和信任度)的认知。在受众行为方面的影响则体现在受众行为的改变,不同类型的受众会产生不同的行为:例如,一些科研人员会下载阅读并引用相关学术期刊，一些对大科学装置感感兴趣的公众会前往开放性的科研场所进行参观，健康知识会影响到人的饮食习惯，等等。在公众充分表达意见和产生行为改变的基础上，作为信息源的科研机构和作为传播渠道的大众媒体能够根据反馈进一步优化传播行为。在受众群体中，公众行为与特定受众的行为之间又会相互作用，例如受众产生科技好奇心，政府会提供相应的设施，促使科技馆、科研机构对公众开放实验室，进行更深入的互动。更为关键的是，政府、企业和科学共同体等特定受众的行为，将直接影响到科研机构的可持续发展。在政府、企业和科学共同体选择合作伙伴或者项目实施方时，这种品牌信任将对科研机构的发展起到至关重要的作用。到此，出现了"二阶反馈"，即科研机构观察到受众行为。与此同时，科研机构将采取调整科学传播的策略，从而实现科研机构与受众的良性互动，实现科学传播的最终目的和最佳效果。

三、基于整合模型的科学传播过程分析

从基于品牌理论的科学传播作用机制模型的整个过程来看，可以根据拉斯韦尔的"5W"传播模式，将科学传播整合模型的过程解析为五个环节：即谁（Who），说了什么（Says What），通过什么样的渠道（In Which Channel），给谁说（To Whom），取得了什么样的效果（With What Effect）。

1. 传播者（Who）

传播者是信息的发布者，是将信息传播出去的个人或群体。在上述的传播过程中，科研机构作为科研成果的产出单位、科学知识和信息的生产者，有着传播科学信息的需求和责任，因此也是整个科学传播过程中最初的传播者。以往来说，科研机构的科研进展和成果的传播仅限于科学

共同体内部的学术交流。而在现阶段的科学传播形势下,将科研成果向公众传播,对于科研成果转化以及公众参与科学决策来说十分重要。因此,在现阶段的科学传播过程中,拥有众多科学资源的科研机构是十分重要的科学信息源,也是科学知识和信息最初的传播者。科研机构的科学家们是科学研究的直接参与者,是科学知识和信息的生产者,因此也是受众较为信赖的信息源。当然,在传播过程中,一些受众也会对他们产生怀疑,但在现代科学传播体系中,他们作为传播者的角色却是无法替代的。

2. 传播内容(Says What)

在现阶段的科学传播中,科研机构作为传播者除了向受众传播科学知识和信息,还会传播附加在科研成果和科学人物之上的科学精神和科学文化。刘华杰(2002)认为,科学传播包含着"一阶传播"和"二阶传播":"一阶科学传播是指对科学事实、科学进展状况、科学技术中的具体知识的传播;二阶科学传播是指对与科学技术有关的更高一层的观念性的东西的传播,包括科学技术方法、科学技术过程、科学精神、科学技术思想、科学技术之社会影响等的传播。"大众媒体在选择和加工来自科研机构的新闻素材时,不但会报道具体的科学事实、科学进展状况,还会对与科学研究相关的若干问题、科学人物精神、科学技术发展对社会的影响等进行讨论和报道,如关于500米口径球面射电望远镜FAST的报道,媒体除了报道FAST的三大技术创新、工程建设进展、观测发现成果,还会关注南仁东等一批科学家在FAST建设过程中体现出的创新精神,以及为了中国科技事业呕心沥血的时代楷模精神;在世界首例体细胞克隆猴在中国诞生的科学传播中,媒体除了关注体细胞克隆猴这一技术和成果,还会探讨如何更好坚持科学道德伦理等问题。

3. 传播渠道（In Which Channel）

一直以来，科研机构的科学传播途径分为两种：一是科学共同体内部的科学传播，科研人员主要通过一些学术期刊和会议，发表和讨论科学发现及观点；二是通过大众传播的形式发布科研成果和科学信息。而后者也是实现科学信息为绝大部分受众所知的主要途径。特别是在当下媒介技术不断发展的情况下，传统媒体与新媒体不断整合，新媒体平台为科学信息实时、迅速、广泛的传播提供了有利的条件。此外，新媒体一个较为显著的特点是其极强的互动性，受众能够通过新媒体平台发表对科学信息或议题的态度和意见，真正参与到科学决策的过程中。以中国科学院为例，发表文章、学术交流等定向传播的利用机制已经较为成熟，正在进一步探索大众传播的规律：在网站公布日常的科技动态和科研成果；向媒体发送关于相对重要的科研成果和科技进展的邮件；组织新闻发布会重点报道具有影响力的科研成果或者是能够彰显中科院社会形象的重大活动；对于国际合作项目或者是具有国际影响力的成果，除了邀请国内媒体，还邀请美联社、路透社等境外媒体报道；此外，对于需要体验感受的科研成果和科学家精神，则通过组织媒体行的方式让记者深入第一现场感受，从而帮助其开展报道。

4. 传播对象（To Whom）

传播对象是信息的接收者，也称为"受众"。在科学传播作用于科研机构品牌资产建设相关机制的模型中，科学传播的受众总体来说主要包括四种类型，即公众、政府、企业以及科学共同体。对于公众来说，他们主要通过大众媒体的报道来了解科学信息，这些信息建立在具有新闻价值的基础上，较为通俗而易于理解；而政府、一些企业和科学共同体内部则主要通过学术期刊、学术报告等途径进行以科学话语体系为基础的知识和观点的交流,进而进行科技政策的制定、促进科技成果转化和推进后续研究等。当然,政府、企业和科学共同体也会通过媒体的报道来获取一些信息。不同类型的受众获取信息的动机和渠道不同,受到的影响和采取的行动也不同,但是不同受众的反馈和行动会在相互之间产生作用,从而影响受众的行为决策。

5. 传播效果（With What Effect）

一般来说,传播效果是指传播者有目的或无目的的传播行为使受众在认知、态度、行为方面产生的改变。在上述传播过程中,科学知识和信息对受众的改变不仅体现在其对科学信息、科学发展状况的了解和态度的改变,还体现在其对科研机构品牌的认知,即对科学知识生产者的了解和态度的改变。在科学传播作用机制模型中,本书引入品牌资产理论来对这一认知水平进行衡量。而在具体行为的改变上,普通公众与其他类型受众有所不同。公众在接收了传播者的信息后,可能会因增加了对某一科学研究的了解而去参观开放性的实验室,或因对科学兴趣的增加而去参加科研机构的公众开放日；而其他类型的受众则会采取一些特定的行为,如政府会在某些研究项目中投入资金,企业会将技术运用于生产或者与科研机构进行更加深入的合作,而一些科研人员会更多地阅读、下载和引用相关的学术期刊,接受新的观点和知识。当然,普通公众的行为和特定受众的行为之间也会产生互动。科研机构科学传播在公众中产生的良好反响,将可能转化为良好的机构形象,促使政府制定相关政策或企业和科学共同体在选择合作对象时,更加倾向于有着良好品牌的科研机构。

从传播过程来看,整合了品牌资产理论的科学传播作用机制模型本质是:作为传播者的科研机构将科学知识、信息以及科学精神和文化等传播素材,通过大众传播和定向传播两种方式向受众传播,并对受众的认知和行为产生作用的过程。它的整个过程可以通过"5W"中的要素和环节进行解构，但在现阶段的科学传播环境下，受众的反馈也是整个传播过程中十分重要的一环。在受众接收到信息后，他们也会通过发表观点和意见的方式进行反馈，如公众通过在网络公共空间发表观点的方式反馈对科学事件和议题的认识和态度，而其他类型受众可通过学术会议上的讨论和交流等方式进行信息的反馈。另外，受众接触信息后采取的一些主动行为也是对传播信息另一层面的反馈。受众的反馈是衡量传播效果的重要渠道。

第三节
科研机构传播影响力评价模型

一、传播影响力的概念

"传播影响力"的概念是在注意力经济的背景下提出的，它以传媒的"二次售卖"为前提——即将受众的信息视为媒介二次售卖的产品，强调媒介作为受众信息获取渠道对受众在社会认知、社会判断、社会决策和社会行为等方面产生的影响。华文（2003）在其研究中对媒介的影响力进行了界定，将其定义为媒介（或媒体）借助某种传播手段向受众传递某种讯息，从而对社会发生作用的力度，其根本目的就是让受众接收到信息，并让受众能够理解和接受传播者的意图。只有受众接受了媒介所传递的信息，才能说媒介的传播是有影响力的。现阶段，传播影响力不仅限于传媒经济的范畴。

有学者将影响力广泛地定义为一个行为主体影响、改变其他相关行为主体心理或行为的能力（郑丽勇，2010）。因此，具体来说，传播影响力强调的是对于受众的作用能力，这一作用的过程既包括信息的传达也包括行为的影响，因此其作用结果既包含认知的改变也包括行为的改变。

一般来说，"传播影响力"，泛指所有媒介形式的传播影响力，包括不同媒介技术手段下的大众传播媒介、组织和个体的传播媒介以及借助媒介传播的具体事件或议题等。根据前期所构建的基于品牌资产理论的科学传播模型，本研究关注的是中国科学院的传播影响力，即中国科学院通过大众媒体和定向传播进行科学传播，这对包括公众、政府、企业以及科学共同体在内的受众群体所产生的作用效果。

二、科研机构科学传播影响力的构成要素

传播影响力的构成要素与传播的发生过程和影响力的作用机制相关。华文（2003）认为媒介影响力的构成要素在传播的过程中产生，包括规模、时间、内容、方向和效果。规模决定着传播的广度，时间决定着传播的历程，内容是影响力作用的载体，方向决定了"影响"的社会属性，效果是衡量影响力的客观结果。而根据传播学中二级传播的理论，即在传播过程中，意见领袖通过人际传播对人们的行为产生影响，影响力的发生过程可以分为媒体影响受众和受众影响社会两个阶段。丹尼斯·麦奎尔（2006）提出，传播内容使受众度改变具有"六个阶段"，即说服性消息必须得到传播，接收者将注意这个消息，接收者将理解这一消息，接收者接受和服膺所陈述的观点，新接受的立场得到维持，期望的行为发生（沃纳等，2000）。受此影响，一些学者提出传播影响力作用的"三环节"和"四环节"。"三环节"即接触、保持、提升三个环节，"四环节"则包括接触、

接受、保持和提升四个方面。根据"四环节"的观点,媒介影响力可通过广度、深度、强度和效度四个方面进行测量。广度因子反映媒介吸引注意力的数量,深度因子指受众实际接触媒介信息量的大小,强度因子指媒介内容和品牌对受众的影响,效度因子指受众态度和行为上的改变。

在中国科学院的科学传播实践中,中国科学院的科研成果和进展主要通过大众媒体和定向传播两种途径进行。通过大众媒体的传播方式具体是组织媒体召开新闻发布会,将科研进展通过大众媒体传播给广大受众。定向传播的途径则包括学术报告、科普讲座、学术期刊、学术会议等,而接收传播内容的受众可大致分为公众、政府、企业和科学共同体四种类型。而传播内容对受众认知和行为的影响则表现在受众对中国科学院品牌的认知和公众以及特定受众行为的改变等方面。因此,根据中国科学院的科学传播作用机制模型以及麦奎尔态度改变理论,科研机构科学传播影响力发生过程可扩充为传播、接触、保持、提升四个环节（如图3.2）。

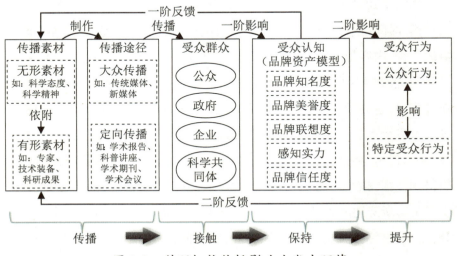

图 3.2　科研机构传播影响力发生环节

根据以上四个环节,提出科研机构科学传播影响力构成的三个要素:传播的规模、受众的规模以及效果。传播的规模体现了科研机构科研成果传播渠道的广度,适当的规模往往能更有效地利用组织内部的各种资源和实现可持续发展(华文,2003)。而大众媒体和学术报告、期刊等是科研机构传播新近研究成果的重要途径,也是不同类型受众接收相关信息的主要方式,是促使传播影响力形成的重要力量;受众的规模体现了传播内容到达受众的广度,是传播影响力构成的重要要素;效果在保持和提升两个阶段,是指传播内容到达受众后对受众产生的影响,包括认知态度的改变和行为的改变,而在中国科学院的科学传播实践中,传播内容对受众行为的影响因受众类型不同而有所不同。

三、科研机构科学传播影响力的评价指标构建

综合科研机构传播影响力的产生过程和构成要素,根据"四环节说"学者对影响力维度的构建,建立科研机构科学传播影响力的四个一级指标,如表 3.1 所示:

表 3.1 科研机构科学传播影响力评价指标体系

环节	要素	一级指标	二级指标
传播	规模	(广度)传播规模	参与报道的新闻媒体数量(参与成果发布会的媒体/家)
			媒体原创报道数量(篇)
			学术报告和会议数量(次)
			相关科普讲座(展览)数量(场)
			学术期刊相关论文数量(篇)
接触		(深度)受众规模	原创报道收视(或收听)率(%)
			网络平台(各媒体的官方微博和微信)的阅读量、点赞量和转发量(次)
			参加相关学术报告和会议的人数(人)
			参加科普讲座(展览)的人数(人)
			学术文章引用数(次)

环节	要素	一级指标	二级指标
保持	效果	（强度）传播强度	受众对科学成果的认知程度（%）
			对科研机构加深认识的受众比例（%）
提升		（效度）传播效果	报考科研机构的人数同比增加率（%）
			开放日和科普日参观人数同比增加率（%）
			科研机构接待调研活动同比增加率（%）
			科研机构承担科研任务的同比增加率（%）

1. 广度

广度产生在传播环节，是传播影响力产生的基础。对于科研机构来说，要让新近科研成果广为人知，除了通过学术交流，还需要通过大众媒体将信息传播给更广泛的受众。NASA在没有建立专门的公关队伍之前，其科研进展和成果仅在学术期刊上发表，这使广大民众对其几乎一无所知。所以，在相当长的一段时间里，NASA在美国乃至世界其他国家的影响力都是较弱的。这种状况一直到20世纪60年代阿波罗计划的出现才发生转变。对当时发展中的NASA来说，在美国，这种体量的项目如果没有赢得广大民众的支持是不可想象的，并且当时美国和苏联在太空探索方面处于激烈的竞争状态，阿波罗计划的实施能够激发美国民众的爱国热情、提升国民的自信心。为此，NASA的宣传部门大胆地把阿波罗计划策划为一个"开放"的行动，使所有人都能够参与其中。在这一行动中，NASA还聘请了专业的新闻媒体人，组织了专门的团队统一负责所有对外公共事务。这个团队中既有科研人员、媒体人员，还有擅长活动公关的人员，他们会负责全部的公共关系对接事务，确定公布和传播的内容，寻找外部的传播伙伴和合作对象，形成一整套科学传播推广方案和公共关系策略。在阿波罗计划的宣传策划中，有一项策略很重要，那就是允许承包商利用阿波罗计划的相关素材进行广告宣传，承包商中包含了当时很多著名的公司,这些公司通过举办一系列宣传活动,对阿波罗计划和NASA自身起到了很好的宣传效果,这样的策略取得了理想的效果,大大拓展了NASA科学传播的广度,从而深刻影响受众的认知。通过阿波罗计划,NASA一战成名,如今,NASA在科学成果的发布上积累了一系列丰富的经验,这些发布活动也取得了很好的传播效果。

根据科学传播的实践,广度指标的测量包括两个方面,即大众媒体传播和定向传播。大众媒体传播方面的指标具体包括参与成果发布会的媒体数量及其所发布的原创稿件数量,这里的原创稿件数量指原创媒体在其所有官方平台(包括报纸、电视、网站、App、微博和微信)所发布的原创稿件数量。定向传播方面的指标则包括学术会议、报告,相关科普讲座(或展览)的数量以及发表在学术期刊的论文数。2018年,中国科学院从全院的科学研究及学术活动中挑选重要成果素材,共举办院级新闻发布会20多次,举办集体访谈等其他类型的院级科学传播活动28次,院属单位参加或举办新闻发布会63次。2018年,中央和地方主要媒体关于中国科学院的原创性报道超过26000篇(条)。由此可见,中国科学院通过大众传播的方式,有效拓展了传播影响的广度。

2. 深度

深度产生在接触的环节,指受众接收传播内容的程度。传播者传播的信息内容并不能被所有的受众完全接收并理解,受众对于自己接触到的信息有一个选择性的注意方式。因此,只有真正被受众接收、阅读并理解的信息才有助于传播影响力的提高。接收到传播信息内容并对此表现出一定的态度和观点的人越多,传播的影响力也就越大。因此我们用受众接收传播内容的程度来衡量科研机构传播影响力的深度,即官方平台发布的原创内容的受众接收情况,指标包括电视的收视率,微博和微信的阅读数、点赞数以及转发数，同时也包括参加了学术会议、报告和相关科普讲座的人数以及期刊论文的引用数。

在世界首例体细胞克隆猴的传播案例中，中国科学院提前与多家主流媒体沟通，从多个角度进行策划报道，取得了很好的传播效果。在新闻发布前，中国科学院组织多家主流媒体提前在上海和苏州进行采访，请研究团队、国内顶级院士以及国外权威评审团队负责人对这一成果进行解读。根据这一重大成果的特点，中央电视台、新华社、人民日报等媒体记者将采访拍摄素材分类处理、精心制作，并提前与频道、新媒体沟通。2018 年 1 月 24 日，新闻发布会召开后，在主流媒体的带动下，全网都对世界首例体细胞克隆猴进行了大规模报道，让受众感受到了这一成果的里程碑式意义。仅中央电视台，就从当天《朝闻天下》栏目开始滚动播出一组三条权威报道，从不同角度对这一成果进行了传播。在 25 日凌晨 0 点 39 分，央视新闻移动网播出相关报道并在新媒体端推出，起到了很好的传播效果，报道被腾讯等多家媒体转为首页头条新闻。截至 25 日上午 11 点，央视微博点击量 1200 万次、微信 17 万次、移动网 2.1 万次、客户端 28 万次，合计 1247 万次左右。

3. 强度

强度产生与保持的阶段。该指标体现的是受众接收信息后的认知改变，即受众对某项科技成果或某个科学人物的认知程度，以及认知程度的改变。在接收信息后，有多少人能够对信息中的成果或人物有基本的认知，以及有多少人对该成果或人物的认知程度有所提高。因此，由这一指标延伸出的两个二级指标是受众对科学成果的认知程度和对科研机构加深认识的受众比例，即所调查的受众中了解某项成果的人数占比以及通过传播内容加深对科研机构认知的人数占比。

2011 年,中国科学院空间科学先导专项启动实施,专项部署的暗物质粒子探测卫星"悟空"、"实践十号"返回式卫星、量子通信实验卫星"墨子号"以及硬X射线调制望远镜卫星"慧眼"均发射成功,并且在运行期间都取得了一批重大科学发现和原始创新成果。针对这一空间科学先导专项,中国科学院除了组织学术交流、专项汇报等定向传播,也策划了多个阶段的大众科学传播,不仅拓展了受众的广度和深度,还提升了其科学传播影响力的强度。中国科学院与中央电视台合作,对量子卫星、暗物质卫星等的发射过程进行了电视大屏直播,不仅对空间卫星的工作原理、任务目标、创新技术等进行报道,也传播了中国科学院为空间科学发展所做出的努力和贡献,极大地提升了中国在空间科学上的国际声誉,也展现了中国科学院作为科技创新国家队的实力和担当。现在,社会公众等提到量子卫星、暗物质卫星,甚至提到天文探索等,第一时间就会联想到中国科学院,这就是科学传播影响力的强度。

4. 效度

效度产生在提升阶段,它体现在传播影响力对于受众行为的作用。受众通过接收和理解传播内容,会在一定程度上产生态度的改变,从而发生行为的改变。这是传播影响力的最终体现。在中国科学院的科学传播实践中,接收信息的受众可分为公众、政府、企业和科学共同体四种类型,而在具体行为的改变上,这四种类型受众的表现又有所不同。对于公众来说,他们在接收了报道信息之后,可能会产生进入中国科学院系统学习和工作以及在公众开放日前往参观开放性实验室和大科学装置的意向,进而产生行为的改变;对于企业来说,他们行为的改变体现在与中国科学院进行相关科研项目的合作,甚至主动邀请中国科学院相关分支机构在当地落户发展;科学共同体内部的行为改变则体现在其他科研机构或大学希望与中国科学院开展研究项目的合作,包括利用中国科学院的装置平台进行交流,甚至是科学研究的进一步合作探索;而体现在政府层面的则是相关科研项目及其科学装置和科研设施的经费投入。在这一指标下,本书建立了四个二级指标,即报考科研机构的人数同比增加率、开放日和科普日参观人数同比增加率、科研机构接待调研活动同比增加率、科研机构承担科研任务的同比增加率。

世界首例体细胞克隆猴诞生的科研成果在 2018 年初广泛传播之后,传播影响力不断提升,受众行为对其研究机构中科院上海神经所的发展也产生了重要影响。通过与中国科学院上海神经科学研究所座谈获悉,2018 年报考上海神经所的研究生人数为 297 人,同比增长了 32%;2018 年的公众开放日参观人数为 720 人,同比增长了 20%;2018 年的科研经费为 4200 多万元,也同比增加了 13.5%。此外,中国科学院上海神经所也受到政府、企业,以及科学共同体的更多关注。2018 年 9 月,上海市松江区人民政府和中国科学院上海神经所合作签署的“G60 脑智科创基地”项目在上海签约落户。G60 脑智科创基地将以最新取得突破的体细胞克隆猴技术为基础,进行一系列有针对性的研究,推动重大脑疾病模型的重点研发项目,并将其尽可能产业化,通过技术研发力求攻克人类脑重大疾病诊疗的核心技术,服务于建设“健康中国”。2019 年,上海药物研究所也与中国科学院上海神经所签署战略合作协议。双方将以当前社会关注的脑疾病等为合作领域,创建体细胞克隆猴药物筛选疾病模型,通过药物筛选,开发有助于解决人类脑疾病的原创新药。可见,体细胞克隆猴技术的突破及其科学传播,不仅对受众的认知产生了影响,还对大众、政府、科学共同体等受众的行为决策产生了影响,产生了很好的科学传播效果。

根据以上要素和指标的分析,本书拟构建出科研机构科学传播影响力的评价指标体系，其中"参与报道的新闻媒体数量"指参与成果发布会的媒体数量；"媒体原创报道的数量"指各原创媒体在其所有官方平台，包括报纸、电视、网站、App、官方微博和微信公众号所发布的关于重大科研进展和成果或人物的原创报道数量；"电视平台的收视率、网络平台的阅读量、点赞量和评论量"指原创媒体在其所有可测量的官方平台，包括电视中原创报道的收视率以及官方微博和微信公众号中原创报道的阅读数、点赞数和转发数；"科普讲座"是指与传播的成果或人物相关的科普讲座；"公众对成果的认知程度"指所调查对象中了解该成果的人数占比；"对科研机构加深认识的受众比例"指所调查对象中通过传播内容加深对科研机构认知的人数占比。

四、指标赋权

在建立了科研机构科学传播影响力评价指标体系之后，需要对体系中的各指标进行赋权。指标赋权有两种方法：客观赋权法和主观赋权法。客观赋权法依据的信息来自统计数据本身，其突出优点是权值的客观性强，但是在数据的可靠性上却存在缺陷，有时获得的权值与现实中的情况甚至大相径庭。主观赋权法依据的信息来源于专家知识和经验，因此该类方法的主观随意性较强，但由于评价人员都是相关领域的专家，具有丰富的经验，做出的判断反而更符合实际，获得的权值也往往更符合实际（肖丽妍，齐佳音，2013）。故本研究在确立了科研机构传播影响力的评价指标体系之后，采用主观赋权法，邀请专家进行打分，确定各指标权重。

本研究邀请了科学传播领域的高校教授、媒体机构人员和科研机构传播专职人员在内的 11 位专家进行了权重打分，得到了以下权重。其中，四个一级指标的权重分别为 25%、25%、20%、30%，如表 3.2 所示。

表 3.2   科研机构科学传播影响力指标权重

环节	要素	一级指标	二级指标		权重（%）	
传播	传播的规模	（广度）传播规模	参与报道的新闻媒体数量（参与成果发布会的媒体/家）	20		25
			媒体原创报道数量（篇）	25		
			学术报告和会议数量（次）	20		
			相关科普讲座（展览）数量（场）	20		
			学术期刊相关论文数量（篇）	15		
接触	受众的规模	（深度）受众规模	原创报道收视（或收听）率（%）	20		25
			网络平台（各媒体的官方微博和微信）的阅读量、点赞量和转发量（次）	25		
			参加相关学术报告和会议的人数（人）	20		
			参加科普讲座（展览）的人数（人）	20		
			学术文章引用数（次）	15		
保持	效果	（强度）传播强度	受众对科学成果的认知程度（%）	50		20
			对科研机构加深认识的受众比例（%）	50		
提升		（效度）传播效果	报考科研机构的人数同比增加率（%）	25		30
			开放日和科普日参观人数同比增加率（%）	30		
			科研机构接待调研活动同比增加率（%）	25		
			科研机构承担科研任务的同比增加率（%）	20		

作为非营利性组织的科研机构，虽然在创办目的、运行规律等方面与企业有很多差异，但是其在生产创造价值、重视潜在客户等方面与企业有很多相通性。其属性特点决定了它在品牌资产的定义上更倾向于基于广义受众（社会公众）的"市场品牌力模型"和基于特定受众（政府、企业、科学共同体等）的"品牌—消费者关系模型"。借鉴艾克的品牌资产五星模型和凯勒的CBBE品牌资产模型原理，科研机构品牌资产定义为"能够让社会公众感知的，由科研机构的名称、标识设计等特征所带来的，能够增加并提升其整体形象、社会效益以及经济效益的，并能为科研机构带来可持续发展的、差异化的竞争优势及其高附加价值的无形资产之和"。具体分为品牌知名度、品牌美誉度、品牌联想度、感知实力和品牌信任度五

个维度。按照"认知-情感-行为"的逻辑,品牌知名度、品牌美誉度、品牌联想度、感知实力等四个维度属于认知层面,品牌信任度则属于情感层面,是受众在对科研机构品牌认知基础上做出行为决策的依据。

本研究结合品牌资产理论,通过科研机构与大众媒体的科学传播实践,建立内嵌品牌资产理论的科研机构科学传播作用机制模型。该模型刻画了科研机构科学传播的五个环节和多个要素。其中,传播素材包括科学成果、科学技术、专家等有形素材和科学态度、科学精神等无形素材;传播途径包括大众传播和定向传播两种渠道;传播对象为公众、政府、企业、科学共同体等四种群体;受众接收到相关信息,对科研机构品牌认知产生影响;传播影响力会在一定程度上改变受众行为,公众行为和特定群体的行为之间会相互作用,而政府、企业、科学共同体等特定受众的行为将会对科研机构的发展产生直接影响。同时,科研机构也将根据受众的反馈调整传播策略,进一步提升科研机构的品牌影响力。

此外,本研究在科研机构科学传播作用机制模型的基础上,结合经典传播学理论,将科研机构科学传播影响力发生过程划分为传播、接触、保持、提升四个环节,通过广度、深度、强度、效度等四个指标,建立科学传播影响力评价体系,并通过专家赋权法对各指标进行权重打分,从而获得可以有效评估科学传播影响力的指标体系。

第四章

科研机构品牌资产五维关系模型及实证研究

当前，科研机构十分重视科学传播工作，而加强关于科研机构的品牌管理研究，分析科研机构品牌认知与品牌信任度之间的关系，有助于指导科学传播工作，为科研机构品牌资产的建设提供思路和方向。本章将从认识论的视角，结合"刺激-有机体-反应"（Stimulus-Organism-Response，S-O-R）模型，关注科研机构品牌资产的形成过程，以中国科学院为例，开展问卷调查，探讨受众对科研机构品牌认知的关键维度、认知过程以及情感反应之间的关系。

第一节
模型与方法构建

一、理论基础

S-O-R 模型自 20 世纪 80 年代起被应用到商业营销领域的消费者研究中，可以很好地诠释信息刺激对受众满意度和信任度的作用过程和原理（马宝龙 等，2015）。S-O-R 模型认为，个体接受信息刺激后，内在的情感会被激发，进而产生外在的行为反应。从信息刺激到情感反应不是一个机械的过程，个体的品牌认知起着关键的中介作用（许慧珍，2017）。从要素层面看，信任是忠诚的根本要素。品牌认知是顾客在接触相应品牌产品或服务的过程中逐渐形成的，这一经验性变量能够不断加深顾客对品牌可靠性的认识，影响顾客对品牌的信任水平（许正良，2011）。在关系视角品牌资产的形成过程中，顾客与品牌之间高质量的品牌认知能够激发顾客对品牌的正面行为反应,加速品牌信任的建立和强化,进而促使顾客形成高度的品牌忠诚（许慧珍，2017）。因此,受众对于科研机构品牌资产的认知与受众对其品牌资产的信任度之间存在着必然因果关系；基于顾客心智的品牌资产,即认知、感觉和体验的好坏直接源于科研机构主导的各类活动在受众心中留下的印象,是科研机构品牌活动的数量和质量的直接作用结果（张峰，2011）。本章将围绕科研机构品牌价值链中的利益相关者,提取科研机构品牌资产的关键构成要素,构建品牌资产认知对品牌信任度的驱动关系模型。

二、科研机构品牌资产维度

利益相关者视角的品牌管理常被国外学者作为研究非营利组织品牌资产的逻辑主线。舒尔茨和巴恩斯（Schultz & Barnes，2011）指出,品牌管理的基本功能之一在于协调、监控和调整组织与其利益相关者之间的互动关系。品牌资产的管理也会影响利益相关者对非营利组织的感受和认知。中国科学院是科研机构的典型代表,是非营利性组织。中国科学院在"科教兴国"战略的指引下,拥有更为多元的利益相关群体,包括科学共同体成员、政府、企业、社会公众等（张冉，2013）。

在非营利组织品牌资产的核心价值点体系中,"品牌美誉度"和"品牌信任度"是非营利组织品牌资产的重要组成部分。品牌能够有效帮助非营利组织向其外部多元利益相关者传达清晰、一致的组织形象和组织定位（Rosenbaum，2015）。艾哈迈德（Apaydin，2011）研究发现,通过构建品牌,非营利组织能够在人们心中创造一个对组织有利的知识结构,在客户心中构建一个与品牌相关的正向联结,从而提升组织产品和服务获得社会认可的程度。

品牌有助于非营利组织与受众建立较为密切的信任关系（Aaker，1996），利用品牌知名度、品牌联想、感知实力以及品牌忠诚等维度定义品牌资产。对受众而言，高的品牌知名度会使其认为该科研机构是大家所公认、信赖的，相信该机构能够为受众提供更优质功能、更高质量和更令人放心的产品或者服务；品牌联想度是形成感知实力和品牌信任的情感基础之一；感知实力是受众在接触与科研机构有关的信息或其组织的活动过程中，对科研机构自身组织能力及可靠性的一种切身感受。

综上，本研究参考非营利组织品牌资产价值的研究结论，聚焦科研机构品牌资产的关键五维度，将五个维度划分为归属于认知层面的品牌知名度、品牌美誉度、品牌联想度、感知实力，以及归属于情感层面的品牌信任度两个部分。

三、模型假设

1. 中科院品牌知名度、品牌美誉度、品牌联想度与品牌感知实力的关系

具有感知实力的品牌同时也是具有强大价值的品牌，不仅有较高的知名度，更重要的是与顾客建立了联系，让顾客联想到它所代表的能力和资源（Park et al.，2010），强势品牌赋予企业独特的竞争优势，帮助企业提升市场竞争力及市场份额（郭永新等，2007）。品牌感知实力是受众在品牌认知层面对某个品牌所表达内涵与外延的信任（Sirianni et al.，2013），以及对品牌的尊重。一般情况下，受众认为品牌的名誉高、品牌值得信任、品牌创新性强等正面评价越多，表明这个品牌实力就越强。对于科研机构的品牌管理者来说，在品牌建设过程中注重提升品牌的美誉度，强化品牌联想度，提升品牌知名度，更好地构建目标受众的认知，会更有

益于品牌实力的提高。因此以中国科学院为例，提出以下假设：

H1：中科院品牌知名度与品牌感知实力呈正相关

H2：中科院品牌美誉度与品牌感知实力呈正相关

H3：中科院品牌联想度与品牌感知实力呈正相关

2. 品牌知名度、品牌美誉度与品牌联想度

品牌知名度被定义为受众识别出或者回忆起品牌属性及功能或能力的程度（Kwun J-W & OH，2004）。品牌知名度是品牌价值的重要基础（Haemoon，2000），影响着消费者偏好、品牌信任与品牌忠诚（Heilman，2000）；品牌联想度被定义为在接收到有关某一品牌的信息时，受众大脑中会浮现出来的所有关于这一品牌的内容。在营销学领域，艾克和凯勒等都论述了联想在品牌形象建立中的重要作用。凯勒（1993）认为："一个积极的品牌形象，是通过将强有力的、偏好的、独特的联想与记忆中的品牌联系起来的营销活动建立的。"明确的品牌联想可以使品牌差异化，为受众营造明确的态度和情感，并通过这种情感将消费者对品牌认知的偏好和强度反映出来（张景云 等，2013）。受众对某一品牌所产生的想象、联想可能提高其满意度。正是品牌及受众对其产生的联想得到了受众的认可，才产生了向心力和感召力，才会使公众接受并产生品牌价值认知与积极行为（刘建堤，2012）。由此可以进一步判断这种对品牌认知的偏好和强度会直接影响对应品牌的美誉度和知名度，领导品牌、强势品牌的一个重要特点就是能引发消费者丰富多彩的联想。据此，提出以下假设：

H4：中科院品牌知名度与品牌美誉度呈正相关

H5：中科院品牌美誉度与品牌联想度呈正相关

3. 品牌资产认知与品牌信任度

品牌认知是受众对某一品牌的整体印象，这种印象与受众的品牌信任

度之间存在重要关系,品牌信任又是品牌忠诚形成的直接纽带(董雅丽,陈怀超,2006)。影响消费者购买行为的"AIDA"模型(Awareness 认知、Interest 产生兴趣、Decision 决策、Action 行动)亦强调了认知的首要作用。品牌资产认知与品牌资产信任度实际有一种循环作用关系,即品牌认知有助于顾客(或受众)信任的建立和信任程度的加深。同时,顾客(或受众)的信任亦会使其形成和强化正面的品牌认知(康庄,石静,2011)。

感知实力是品牌认知的落脚点,品牌信任度是受众在感知实力的基础上,通过与科研机构进一步互动而形成的,归属于情感层面;品牌信任是对品牌认可程度的体现,会直接影响受众在行为层面对科研机构品牌的终极反应(帅俊全 等,2019)。因此,提出以下假设:

H6:中科院品牌知名度与品牌信任度呈正相关

H7:中科院品牌美誉度与品牌信任度呈正相关

H8:中科院品牌联想度与品牌信任度呈正相关

H9:中科院品牌感知实力与品牌信任度呈正相关

H10:在品牌知名度与品牌信任度的关系中,品牌感知实力起着中介作用

根据以上讨论分析,提出研究模型,如图 4.1 所示:

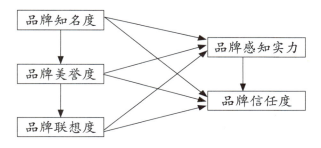

图 4.1 科研机构品牌资产五维关系模型

第二节
科研机构品牌资产实证研究——
以中国科学院为例

一、品牌资产数据收集、筛选与整理

1. 样本及数据采集

本研究采用问卷调查进行数据收集来测量模型中的构念（潜变量），使用李克特五级量表（5-Point Likert Scale，"1"为"非常同意"，"5"为"非常不同意"）。具体问卷分为三部分：第一部分是对问卷收集背景的简要介绍和填写说明；第二部分是对被试人员的人口特征情况（包括性别、年龄、教育程度和职业）进行调查；第三部分是对本研究中所构建模型所涉及构念的测量，主要包括品牌知名度、品牌美誉度、品牌联想度、品牌感知实力和品牌信任度。本研究以中国科学院为例进行科研机构品牌资产变量的测量，为避免样本偏差对研究结果产生的影响，在多个职业领域中选择被试样本。为了避免问卷在设计过程中产生的语义偏差，在正式发布问卷之前，邀请科研机构和传播领域的4位专家进行测试，根据专家的意见进行一次问卷修改。然后，在不同行业选取了30名被试人员进行测试并根据其填写反馈进行二次修改，确定本研究的最终问卷。

本研究正式问卷发布历时2个月，共收集977份问卷，最终根据问卷中反向测试题目和被试时间（根据问卷填写情况进行多次测试，确定被试人员填写时间在90秒以下的问卷为无效问卷）进行筛选，确定732个有效样

本,样本有效率为 75%。被试样本的具体人口统计特征如下表 4.1 所示:

表 4.1　样本构成分布表

测量项	分类	人数	比率（%）	测量项	分类	人数	比率（%）
性别	男	378	51.64%	年龄段	15 岁以下	5	0.68%
	女	354	48.36%		16—20 岁	14	1.91%
职业	公务员	46	6.28%		21—25 岁	145	19.81%
	国有企业员工	86	11.75%		26—30 岁	139	18.99%
	事业单位员工*	116	15.85%		31—40 岁	284	38.80%
	私有企业员工	147	20.08%		41—50 岁	124	16.94%
	外资企业员工	19	2.60%		51—60 岁	16	2.19%
	科研机构人员	46	6.28%		60 岁以上	5	0.68%
	教师	55	7.51%	教育程度	初中及以下	6	0.82%
	农民（农民工）	5	0.68%		高中和大专	63	8.61%
	学生	163	22.27%		本科	266	36.34%
	其他	49	6.70%		硕士及以上	397	54.23%

* 注：本研究被试人员中的事业单位员工不包含相关单位的科研人员和教师。

2. 变量测量

本研究需要对 5 个构念进行测量，分别是品牌知名度、品牌联想度、品牌美誉度、品牌感知实力及品牌信任度。其中，品牌知名度（Brand Awareness）和品牌感知实力（Perceived Quality）的测量题项参考了艾克（Aaker，2012）等人的研究，品牌联想度（Brand Associations）及品牌信任度（Brand Trust）的测量题项参考了凯勒（Keller，1993）等人的研究，品牌美誉度（Brand Reputation）的测量题项参考了塞尔尼斯（Selnes，1993）的研究。对上述构念测量题项设置具体如表 4.2 所示：

表 4.2　潜变量测量题项

序号	潜变量	测量题项
1	品牌知名度	我听说过中科院这个名字
		我能够想起中科院的一些特征（比如院士、研究所、大学、大科学装置、基础研究等）
		我知道中科院在做什么事情
2	品牌联想度	我能从众多科研院所中准确识别中科院
		中科院的某些特质（科研成果、科研精神等）能立马出现在我的脑海中
		我能很快地回忆起中科院的标志
		我在脑海中想象中科院有困难（反向题目）
3	品牌美誉度	我认为中科院为国家培养了高素质人才
		我认为中科院的科研人员（包括专家、教授等）平均素质很高
		我知道中科院的重大科研成果（例如FAST、量子卫星、核能等）
		我认为中科院在社会中树立了一个良好的形象
4	品牌感知实力	我认为中科院的科研实力很强
		我认为中科院的科研成果在相应的领域内具有重大影响
		我认为中科院的科研水平在该领域内具有先进性
		我认为中科院的科研水平很差（反向题目）
5	品牌信任度	中科院履行了对其客户的承诺
		使用中科院相关的产品和服务是安全可靠的
		中科院品牌是值得信赖的

二、实证分析结果

1. 信度和效度

使用SPSS22.0 对筛选后的数据进行验证性因子分析，如表 4.3 所示，克隆巴赫（Cronbach's alpha）系数为 0.862，每个测量项的克隆巴赫系数均大于 0.7，并且每个测量条目的组合信度（Composite Reliability，CR）均大于 0.8，说明问卷的整体结构的信度较高，问卷内部构念之间具有良好的一致性；并且，测量的 5 个条目的平均方差萃取量（Average Variance Extracted，AVE）均大于 0.5，说明问卷整体具有良好的聚合效度。由表

4.4 可知,平均方差萃取量(Average Variance Extracted, AVE)的平方根(表 4.4 中对角线加粗的数字)均大于测量构念之间的相关系数,说明问卷测量题项之间具有良好的区分效度。

表 4.3　信度和效度分析结果

构念	平均方差萃取量（AVE）	组合信度（CR）	克隆巴赫系数	测度项	因子载荷
品牌知名度	0.643	0.844	0.701	A11	0.813
				A12	0.753
				A13	0.837
品牌联想度	0.703	0.904	0.879	A21	0.868
				A22	0.837
				A23	0.860
				A24	0.787
品牌美誉度	0.626	0.870	0.827	A31	0.803
				A32	0.810
				A33	0.705
				A34	0.840
感知实力	0.723	0.912	0.913	A41	0.867
				A42	0.906
				A43	0.876
				A44	0.743
品牌信任度	0.580	0.807	0.804	A51	0.677
				A52	0.784
				A53	0.816

表 4.4　区分效度分析结果

因子	品牌知名度	品牌美誉度	品牌联想度	品牌感知实力	品牌信任度
品牌知名度	**0.802**				
品牌美誉度	0.351	**0.838**			
品牌联想度	0.378	0.453	**0.791**		
品牌感知实力	0.262	0.342	0.340	**0.850**	
品牌信任度	0.294	0.344	0.407	0.294	**0.762**

2. 假设检验结果

采用结构方程模型对图4.1中的概念模型进行路径分析，使用Amos Graphics对问卷收集的数据进行模型拟合检验。结果显示，残差均方和平方根（Root Mean Square Residual，RMR）RMR=0.042，小于0.05，模型适配度指数（Goodness-of-fit Index，GFI）GFI=0.924，大于0.09，表明样本的变异矩阵与假设模型期望共变异矩阵没有差异，模型的绝对拟合度较好；其次，规范适配指数（Normal Fit Index）NFI=0.947，相对适配指数（Relative Fit Index）RFI=0.920，增值适配指数（Incremental Fit Index）IFI=0.956，非规准适配指数（Tacker-Lewis Index）TLI=0.933，上述四个增值适配度统计量均大于0.9，说明待检验的假设理论与基准线模型的适配度较高，模型拟合结果较好。具体模型假设检验结果如表4.5所示：

表4.5　模型路径检验结果

路径	Estimate	S.E.	C.R.	P	结果
品牌感知实力 <—— 品牌知名度	0.036	0.016	2.286	0.022	显著
品牌感知实力 <—— 品牌美誉度	0.914	0.064	14.174	***	显著
品牌感知实力 <—— 品牌联想度	0.066	0.027	2.483	0.013	显著
品牌美誉度 <—— 品牌知名度	0.381	0.054	7.102	***	显著
品牌联想度 <—— 品牌美誉度	1.077	0.074	14.604	***	显著
品牌信任度 <—— 品牌感知实力	0.177	0.068	2.616	0.009	显著
品牌信任度 <—— 品牌知名度	0.018	0.018	0.982	0.326	不显著
品牌信任度 <—— 品牌美誉度	0.556	0.098	5.665	***	显著
品牌信任度 <—— 品牌联想度	0.096	0.031	3.059	0.002	显著

注："***"代表在$P=0.001$的置信水平下显著

基于Amos分析的检验结果结合图4.1绘制如图4.2。图4.2中模型检验以0.1的显著性水平为临界点，P值超过0.1即假设关系不成立，以虚线表示；反之，P值小于0.1则表示假设关系成立，以实线表示。

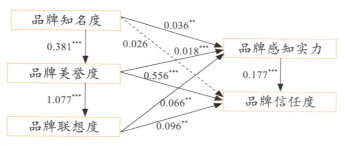

图 4.2　结构方程模型假设检验结果

注："*"代表在$P=0.05$的置信水平下显著；"**"代表在$P=0.01$的置信水平下显著；"***"代表在P=0.001的置信水平下显著

图 4.2 结果显示,中国科学院品牌知名度（$\beta=0.036$，$P<0.05$）对品牌感知实力有显著的正向影响作用,支持H1假设;但中科院品牌知名度（$\beta=0.026$，$P>0.1$）与品牌信任度的假设关系不成立,不支持H6假设。可能的原因是,科学研究体系内,大众对中科院的品牌信任度并不取决于其自身的知名度,因为在当下的科学研究过程中,了解大多数的科研成果的渠道并非对所有人开放,这些科研成果也并非完全能够让大众所熟知。例如一些国防军工研究、高精端技术研发等,这些成果虽然有利于国计民生,也得到了积极的报道和传播,但是这些高科技产业离普通大众的距离还较远,使得以中科院为代表的一些科研机构虽然在社会范围内有很大的知名度,但是公众对其品牌信任度依然比较低。另外,近些年来随着信息技术的发展,科研机构的一些负面信息也时有传播,比如关于学术造假、学术违法等新闻,也使得一些科研机构被大家所熟知,但是这种负面的新闻更不可能使公众建立起对科研机构的信任。

对品牌感知实力的中介作用（即H10）进行检验,以品牌信任度为因变量，以品牌知名度为自变量进行回归分析，结果显示二者没有显著关系；以品牌感知实力为因变量，以品牌知名度为自变量进行回归分析，发现品牌知名度对品牌感知实力有显著的正向影响作用（β=0.603，P<0.001）；以品牌忠诚度作为因变量，以品牌知名度和品牌感知实力作为自变量进行回归分析，结果显示品牌知名度（β=0.242，P<0.001）和品牌感知实力（β=0.627，P<0.001）对品牌信任度的正向影响显著。由此可以说明，品牌感知实力在品牌知名度和品牌信任度之间发挥着完全中介的作用，即H10成立。

假设检验的结果显示，高的品牌知名度与品牌美誉度确实有显著的正向关系（β=0.381，P<0.001），品牌美誉度进而对品牌联想度也呈现出显著的正向影响作用（β=1.077，P<0.001），即H4和H5得到验证。以中国科学院为代表的科研机构进行科学传播，可使公众内心对其形成深刻的正面认知，有利于树立自身在社会及大众心中的美誉度，从而建立良好的社会形象。因此，当公众对科研机构的品牌有一定认知后，即使公众对于科研机构具体从事的工作及研究领域的了解程度有所欠缺，但是凭借着科研机构原有在社会范围内的知名度以及在公众心目中的美誉度，也可以通过一系列的联想定位到与心目中相匹配的内容。

检验结果显示，中国科学院的品牌美誉度对品牌感知实力（β=0.018，P<0.001）和品牌信任度（β=0.556，P<0.001）的正向影响作用成立，即H2和H7得到支持。品牌美誉度是社会公众对科研机构的主观评价集合，是公众对科研机构形象和定位认知，包括机构的知名度、关注度和认可度等。以中国科学院为例，在过去的几十年间，中国科学院培养了极多著名的科学家，为社会输送了大量的优秀人才，是祖国建设和民族复兴的中坚力量，获得了社会大众的广泛认可，在各个行业都享有较高的声誉，一定

程度上也代表着我国科技的最高水平和最高质量，进而加深了公众对其实力的认可和信任。此外，H3和H8认为科研机构的品牌联想度也对其品牌感知实力（$\beta=0.066$，$P<0.05$）和品牌信任度（$\beta=0.096$，$P<0.05$）起着显著的正向影响作用，这在上述模型中也得到了证实，即H3和H8也得到了支持。

第三节
品牌资产五维关系模型对科学传播的应用

科研机构品牌资产五维关系模型从品牌知名度、品牌联想度、品牌美誉度、感知实力，以及品牌信任度五个维度，全面刻画了公众对科研机构的整体认知水平。第三章的科学传播整合模型显示，受众接收到科研机构的科学传播内容后，开始对科研机构有所了解，科研机构的"知名度"是科学传播的最初作用结果；随着公众接触到科学传播内容的频次和深度不断增加，受众逐渐对科研机构产生正面认识，即"美誉度"随之提升；之后受众看到与科研机构相关的图形、文字等信息会联想与其有关的事件、要素等，即"联想度"提升；再后是感知到科研机构的实力，最后对科研机构产生信任。这个过程不是一蹴而就的，科研机构品牌资产模型显示的各个要素之间的相互作用路径，以及作用强度大小，对科学传播工作有如下启示：

1. 传播可提高科研机构的知名度，但是可能产生负面影响

从模型结构来看，"品牌知名度"对"品牌美誉度"的贡献最大，贡献系数为 0.381，对"感知实力"有一定影响，但是贡献系数只有 0.036，仅为前者的十分之一左右。模型还显示，"品牌知名度"不对"品牌信任度"产生直接贡献，需要通过"品牌感知实力"和"品牌美誉度"间接产生作用，说明科学传播可以让受众知道科研机构的相关成果，知道科学机构的存在，但是并不能直接使受众对其产生信任感；同时也表明，"品牌知名度"先影响"品牌美誉度"，后者再影响"品牌信任度"，是一条品牌知名度影响品牌信任度的路径。因此，利用多种渠道，扩大科研机构科学传播的范围，是提高品牌知名度的基础，但同时需要注意传播内容对科研机构正面形象的树立与维护，否则，不当传播带来的"差评"反而会起到负向作用，降低"品牌信任度"。例如，2018 年 4 月，网上出现"中科院钍基熔盐堆核能系统项目启动仪式上道士作法驱邪"相关信息，该信息短时间内在自媒体上被大量转载，使较多人关注到了中国科学院，给中国科学院的声誉带来了严重影响，一些受众还对中国科学院的科研水平产生了不信任和质疑。经查，网上信息反映场景为中国科学院上海应用物理研究所委托地方施工单位建设的钍基熔盐堆核能系统项目实验堆工程的启动仪式之后，施工单位在现场进行的"领牲"祭祀活动。虽然中国科学院事后高度重视，立即要求院机关职能部门和该项目承担单位上海应用物理研究所严肃对待、及时发表声明，也处理了相关人员，但是该事件仍然对中国科学院的品牌形象造成了一定影响。

可见，虽然传播能促进品牌知名度的提升，但是产生正向还是负向的影响却不确定，所以要尽量扩大能提升正向知名度的科学传播力度，要警惕和控制虽然可以造成社会轰动却有可能带来负面影响的传播行为，从

而通过知名度的扩大对科研机构的美誉度等产生积极作用。

2.科学传播要注重对"品牌美誉度"的提升效果

在所有的对"品牌信任度"贡献路径中,"品牌美誉度"对"品牌信任度"的直接贡献系数最大,达到了0.556;"品牌美誉度"通过"品牌联想度"对"品牌信任度"的间接贡献是0.103,通过"品牌感知实力"对"品牌信任度"的间接贡献是0.003。这些都表明应当提升科学传播中科学素材的选取以及科学传播内容的制作水平,要关注受众对品牌美誉度的提升。

提升美誉度,建议从不同受众重点关切点入手。例如,政府更加关注企业在助力国家进步、民族振兴以及实施国家重大工程等方面所发挥的作用。相对应的,中国科学院承担的世界首颗量子通信实验卫星成功发射及其成果,有利于中国在未来量子通信技术领域抢占世界高地,对于国家信息安全具有重要意义;中国科学院参与的探月、载人航天和载人深潜等国家重大工程项目,对于国家安全战略的实施等也具有重要作用;中国科学院所主导的世界最大口径球面射电望远镜FAST工程、大亚湾核反应堆中微子实验、"人造太阳"核聚变反应堆等一系列大科学装置的建设,也使得中国逐渐成为科技创新的高地。正因如此,这些重大成果也多次成为我国领导人讲话中的代表性成果,并多次作为科技创新成果在政府工作报告中被提及。

对于企业而言,企业管理者更关注科研机构的科研成果转化能力,关心科研机构能否帮助所在的产业创新发展,提高发展质量。比如,中国科学院计算研究所孵化的龙芯中科技术股份有限公司、中科寒武纪科技股份有限公司等一批信息技术公司,在芯片研发、自主可控、高性能计算等领域不断发力,不仅体现了中国科学院作为科技创新国家队在新时期攻坚克难的担当,也为企业创新成果转化探索出了一条新路。此外,多个企业都与中国科学院计算研究所建立了联合实验室或者联合课题组,通过院企合作推动了多项创新成果转化落地。2017 年,中国科学院启动"促进科技成果转移转化专项行动"。数据显示,截至 2017 年底,中国科学院科技成果转移转化项目超过 13000 个,为社会企业当年销售收入新增约 4200 亿元人民币。

相对于政府和企业,普通受众更关心身边的问题,关注科技成果能否解决身边的事情。中科院也有能够提升人们生活质量的成果,比如中科院遗传发育所的干细胞成功修复子宫内膜技术帮助不孕女性生下婴儿等科技成果。这些成果解决了百姓生活的需求,能让人们感受到中国科学院的社会担当。从彰显国家创新实力的重大工程项目,到促进社会经济发展的科学研究,再到解决百姓生活需求的科技成果,这些科学素材的传播不仅能够提高科研机构的"知名度",而且能够很好地提升中国科学院的"品牌美誉度"。

3. 科学传播要注重对人物事迹、科研成果的深度解读,提升"品牌美誉度"的同时,也有助于提升"品牌联想度"

模型显示,"品牌美誉度"不仅直接对"品牌信任度"有强正向作用,同时对"品牌联想度"产生强正向作用,贡献系数为 1.077,说明在科学传播的素材选取时,不仅要注重科学成果宣传,围绕科研成果的研究团队、人物事迹、科学装置等,都可作为报道的素材,同时需注意这些素材对受众心目中的"品牌联想度"的提升作用。例如在报道新药成果的同时,可以报道新药研制中攻关的科研人物,体现科研人物攻坚克难的科学精神,以及呕心沥血的爱岗敬业精神,中国科学院上海药物所的王逸平就是这个领域的典型代表。王逸平研发现代中药丹参多酚酸盐,先后完成 50 多项新药药效学评价,构建了完整的心血管药物研发平台和体系,造福了2000多万患者。如果仅仅对王逸平取得的科研成果进行科学传播,并不能对其"美誉度"产生太多的作用。在实际的科学传播中,不仅报道了王逸平的科研成果,而且关注了他不忘初心、胸怀大爱,始终把解除人民群众病痛作为人生追求,坚韧执着、奋发忘我的美好品质。他在工作岗位上病倒时年仅55岁,他以顽强的毅力和乐观的精神与病魔不懈抗争,谱写了一曲感人至深的中药现代化奋进者之歌。世界最大口径球面射电望远镜FAST的发起者和奠基人南仁东,为了带领科研团队建成这一大科学装置,跑遍了贵州深山的喀斯特地区,在建设过程中攻克了无数难题,用自己的毕生心血铸就了"中国天眼"。在"中国天眼"FAST的科学传播中,宣传团队由于前期忽视了对科学人物科学创新精神和感人事迹的报道,也曾经受到社会质疑;后期调整了科学传播策略,加入对南仁东等科研人员感人事迹以及科研团队攻坚克难的报道,赢得了社会广泛认可。南仁东、王逸平这些新时期的时代楷模,代表了中国科学院科学家的精神和风貌,而"中国天眼"、"墨子号"量子卫星、"悟空号"暗物质卫星等典型成果也充分证明了中国科学院的科研实力和创新精神。

4."品牌感知实力"受到"知名度""美誉度""联想度"的影响较弱,表明科学传播的形式需要重视交互作用,助力提升"品牌感知实力"

模型显示,知名度、美誉度、联想度分别对感知实力的影响为0.036、0.018和0.066,其中最大的为"品牌联想度"的影响系数。正如本章第三节中所阐述的"感知实力是品牌认知的落脚点,品牌信任度是受众在感知实力的基础上,根据与科研机构进一步互动而形成的","感知实力"虽然受到前三者的影响,但是,最终形成的感知实力,可能受到受众与科研机构的进一步互动的作用影响。因此，科研机构在科学传播工作中，可以增加更多的互动形式，例如开展"公众开放日"活动，邀请受众直接走进科研机构或野外台站，通过与科研人员直接面对面的交流，与科研成果的近距离接触，在实实在在的科研氛围中加深对科研机构的认识，从而提升"品牌感知实力"。

在每年的全国科技周活动中，中国科学院都会举办公众开放日，至今已经举办了十四届。2018年5月19日至20日，中国科学院举行了建院以来的第十四届公众科学日，全国的120个院属单位同时对社会公众开放，公众可以免费参观开放的科研院所、野外台站、实验室等，在科研第一现场参与各种科普活动，并且与全国2000多名科学家进行现场互动。超过50万人次的社会公众参加了此次活动，数十家媒体对该活动进行了报道，形成了广泛的社会影响。在活动过程中，还有21家科研机构进行了新媒体网络直播，吸引了很多不能前往现场参与活动的观众，累计网络观看的人数超过100万。2018年10月，中国科学院还借鉴国外的方式推出了首届中科院科学节，活动历时9天。其间，中科院集合北京地区20多家院所单位，举办了25场形式多样、内容丰富的科学传播活动。科研院所对公众免费开放，让公众近距离参观，甚至和科研人员交流互动，可以让社会公众感知科研机构的实力。再如，近年来新建的科技馆、天文馆、自然博物馆等，都会设置很多具有互动模式的科技展览项目，这些项目往往也是吸引游客最多的。公众通过亲自参与，全方位地感受到了科技的魅力，比起单纯从媒体上看到了一条新闻报道，所形成的理解和认识要深刻得多，同时也能够加深其对科研机构的认识和对我国科技实力的感知。

科学传播作用
于科研机构品
牌资产建设相
关机制的案例
研究

科研机构进行科学传播的内容和形式多样，本章以中国科学院近年来的科学传播重点内容——战略性先导科技专项和大科学装置为例，选择中国天眼"FAST"和世界首例体细胞克隆猴为研究样本，通过问卷调研和深度座谈，针对特定案例进行分析，从传播素材、传播渠道、受众特征等方面系统性地研究科学传播对科研机构品牌资产的作用机制。

第一节

案例概述

500 米口径球面射电望远镜，简称FAST，位于贵州省黔南布依族苗族自治州平塘县克度镇大窝凼的喀斯特洼坑中，为国家重大科技基础设施。1994 年，中国科学院国家天文台南仁东研究员提出了建设FAST的构想。该工程从选址到建成，经历了 22 年时间。2016 年 9 月，FAST落成启用。FAST项目工程具有三项自主创新，分别是利用喀斯特地貌选址，可以通过索网主动调节反射面，应用轻型柔性索馈源支撑系统。作为世界最大的单口径射电望远镜，FAST的接收面积相当于 30 个足球场的大小，具有超高的灵敏度，为我国乃至世界的天文学家提供了探索宇宙的研究平台。在为FAST奔波忙碌的 22 年里，南仁东用尽了毕生心血，令人遗憾的是，就在FAST落成启用近一周年时，打开"中国天眼"的南仁东，却永远闭上了自己的眼睛。利用这一国之利器，我国科学家已经探测到 80 颗优质的脉冲星候选体，其中 55 颗被证实为新发现的脉冲星。

体细胞克隆猴需要先从猕猴的体细胞中提取细胞核，将其注射到提前进行去核处理的猕猴的卵母细胞中。然后科研人员通过使用调控因子，对重组细胞进行激活，让其重新编程，再借助母猴载体使其不断发育并最终出生。经过多年研究攻关，中国科学院上海神经所研究团队突破这一技术，成功克隆出了两只食蟹猕猴，并在 2018 年 1 月 25 日发布这一成果，这也是世界首例通过体细胞克隆技术诞生的灵长类动物，对于构建非人灵长类动物模型、进行中国脑计划研究及研究人类疾病治疗方案等都具有重要意义。通过这一技术，中科院上海神经所已经建立了生物节律紊乱疾病模型猴，并与上海药物所展开了基于体细胞克隆猴的项目合作。

通过收集相关新闻信息，统计 2014 年 7 月 1 日（FAST 开始铺设索网）至 2018 年 4 月 30 日期间与 FAST 有关的新闻报道数量，2018 年 1 月 25 日（体细胞克隆猴成果发布）至 2018 年 4 月 30 日期间与克隆猴有关的新闻报道数量，对"中国天眼"FAST 和体细胞克隆猴案例的传播过程进行描述。参考《网络传播》发布的 2017 年各月份《中国新闻网站传播力排行榜》前 20 名中出现频率最高的网站，结合工信部发布的 2017 年《中国网络媒体公信力调查报告》中的媒体公信力排名，确定新闻收集的媒体为：新华网、人民网、央视网、央广网、中国网、中国新闻网、凤凰网。

一、"中国天眼"FAST 案例传播过程

从 2014 年 7 月 1 日至 2018 年 4 月 30 日，在新华网、人民网、央视网、央广网、中国网、中国新闻网和凤凰网的网页、微信公众号、微博以及 App 中共收集到"中国天眼"FAST 相关新闻 1171 条。其中，科技成果类新闻 488 条，技术装备类新闻 199 条，人物类新闻 210 条，延伸类新闻

274 条。

　　媒体官方网页和App是FAST相关新闻的主要宣传阵地。因此,可通过对媒体官方网页和App中的新闻数量及其他媒体间的转载关系进行分析,确定科学传播的特点。将网页和App中与FAST相关的新闻按照传播内容的不同进行分类统计,得到不同媒体新闻报道数统计图如图 5.1 所示。

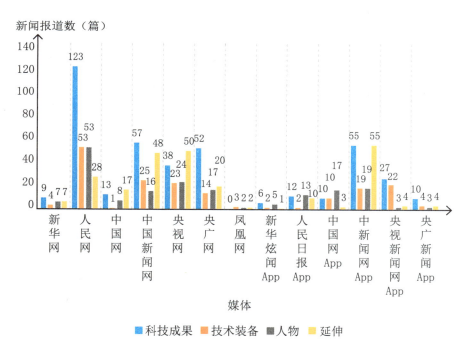

图 5.1　不同媒体官方网页和App中FAST新闻报道数统计图

对图 5.1 进行分析发现:

　　(1)发布FAST相关新闻数量最多的前五家媒体平台分别为:人民网、中国新闻网、中国新闻网App、央视网和央广网。这说明与其他媒体相比，人民网、中国新闻网、央视网和央广网这四家媒体更加关注"中国天眼"FAST。

（2）在中国网、央视网和凤凰网的新闻中，延伸类新闻的数量多于科技成果类新闻的数量；而在其他媒体中，科技成果类新闻的数量多于延伸类新闻的数量。结合报道内容来看，中国网、央视网和凤凰网更关注FAST相关的教育、创新及FAST所在地发展等内容，而其他媒体更加关注FAST的建设进度及取得的成果。

将收集到的新闻按照施工阶段的不同进行分类统计，结果如图5.2所示。

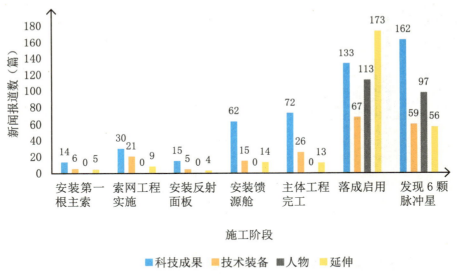

图 5.2　FAST相关新闻报道数时间变化图

在经过多年选址论证后，"中国天眼"FAST于2011年3月正式开工建设；2014年1月实现圈梁顺利合拢；2014年7月，第一根主索安装，中央电视台开始进行第一次大规模直播报道。随着施工不断取得进展，关于FAST的新闻数量呈上升趋势。到2017年10月,中国科学院国家天文台宣布FAST发现6颗脉冲星,这一成果报道之后,关于FAST的新闻报道数才出现下降趋势,如图5.2所示。根据报道内容来看,科技成果类新闻数最多,共488条,且随着施工取得进展,新闻数量呈上升趋势。人物类新闻出现在"落成启用阶段",此后,中宣部组织学习南仁东总工程师事迹活动,人物类新闻数量迅速攀升;随着FAST越来越受到公众关注,在FAST落成启用后,延伸类新闻增多,其中既有解读FAST科技创新意义的新闻,也有与FAST建设相关的组织进行自我宣传的新闻,例如有媒体对相关出资方进行了宣传,总体呈现出一定的热点效应。总之,在FAST建设过程中,公众媒体关注重点主要是其科技成果和技术设备,FAST落成启用后,关注重心则转移到了人物和延伸方面。

二、体细胞克隆猴案例传播过程

2018年1月25日,中国科学院组织新闻发布会介绍了体细胞克隆猴这一科研成果,经过多年研究攻关,中国科学院上海神经所突破体细胞克隆猴技术,培育出了体细胞克隆猴"中中"和"华华",并且两只克隆猴正在健康成长,这也是世界首例通过体细胞克隆技术诞生的非人灵长类动物,具有重大意义。针对这一重大科研成果,各大媒体纷纷对世界首例体细胞克隆猴事件进行新闻报道。

在新华网、人民网、央视网、央广网、中国网、中国新闻网和凤凰网的网页、微信公众号、微博以及App中,共收集到相关新闻269条。其中,科技成果类新闻122条,技术装备类新闻31条,人物类新闻26条,延伸类新闻90条。将网页和App中的新闻按照传播内容的不同进行分类统计,得到不同媒体新闻数统计结果如图 5.3 所示。

新闻报道数（篇）

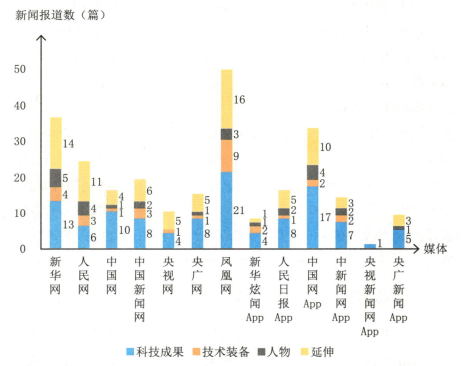

图 5.3　不同媒体体细胞克隆猴新闻报道数统计图

对图 5.3 进行分析发现：

（1）发布新闻数最多的前四家媒体分别为：凤凰网、新华网、中国网App 和人民网。与其他媒体相比，这四家媒体更加关注体细胞克隆猴事件。

（2）新华网和人民网的新闻中，延伸类新闻的数量多于科技成果类新闻的数量；而在其他媒体中，科技成果类新闻的数量多于延伸类新闻的数量。根据报道内容来看，新华网和人民网关注体细胞克隆猴所涉及的医疗、伦理和创新等问题,而其他媒体更加关注体细胞克隆猴这一成果本身。

（3）中国网的App中新闻数多于中国网网页的新闻数,而其他媒体网页的新闻数均多于App中的新闻数。表明与其他媒体相比,中国网更加重视App的新闻传播。

以新闻报道高峰时段的一小时为时间间隔,统计 2018 年 1 月 25 日至 1 月 26 日的体细胞克隆猴相关新闻数随时间的变化,如图 5.4 所示;以一周为时间间隔,统计 2018 年 1 月 27 日至 4 月 28 日的体细胞克隆猴相关新闻数随时间的变化,如图 5.5 所示。

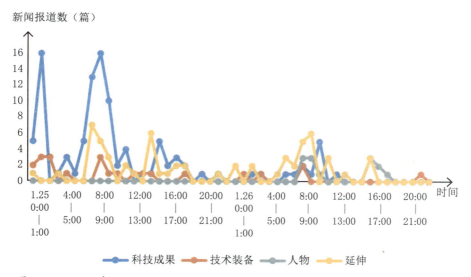

图 5.4　2018 年 1 月 25 日至 1 月 26 日体细胞克隆猴新闻报道数随时间变化图

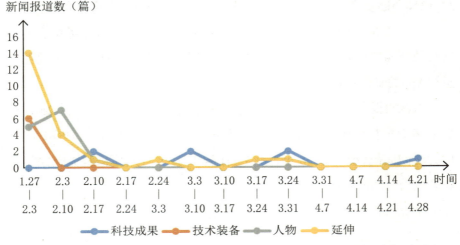

图 5.5　2018 年 1 月 27 日至 4 月 28 日体细胞克隆猴新闻报道数随时间
变化图

　　1 月 25 日 12:00 之前，科技成果类新闻数较多，并且出现了两次峰值，新闻数达到 16 篇。第一次的峰值出现在 1:00—2:00，此时各个媒体刚得知体细胞克隆猴事件的相关消息；第二次的峰值出现在 8:00—9:00，此时是公众查看新闻的高峰期。1 月 25 日 12:00 之后，科技成果类新闻数较少。1 月 27 日，后科技成果类新闻数量变为 0。2 月 11 日，第三只体细胞克隆猴"梦梦"的诞生，促使 2 篇科技成果类新闻出现，后续还有数篇相应的新闻，但新闻数量一直不多。

　　1 月 25 日至 1 月 26 日，技术装备类新闻数量一直上下波动，1 月 27 日至 2 月 3 日，中科院神经科学研究所从技术层面分析了"为什么克隆羊到克隆猴需要跨越 21 年"，使技术装备类新闻数量达到峰值 7 篇。

　　1 月 26 日 8:00 之前，人物类新闻数一直为 0；在 1 月 26 日 8:00 之后，人物类新闻开始出现，但数量一直不多；直到 2 月 3 日至 2 月 10 日，媒体对突破体细胞克隆猴难题的研究团队进行宣传,使得人物类新闻达到 7 篇;2 月 17 日之后人物类新闻数量又降为 0。

　　延伸类新闻数量一直上下波动,出现四次峰值,第一次的峰值出现在 1 月 25 日 8:00—9:00,第二次的峰值出现在 1 月 25 日 15:00—16:00,第三次的峰值出现在 1 月 26 日 10:00—11:00,第四次的峰值出现在 1 月 27 日至 2 月 3 日。第一次峰值为 7 篇,第二、三次峰值为 6 篇,第四次峰值为 14 篇。为对延伸类新闻数量的峰值进行详细分析,本书将延伸类新闻分为医疗类、伦理类和创新类新闻,绘制这三类新闻随时间变化的折线图如图 5.6、图 5.7 所示。

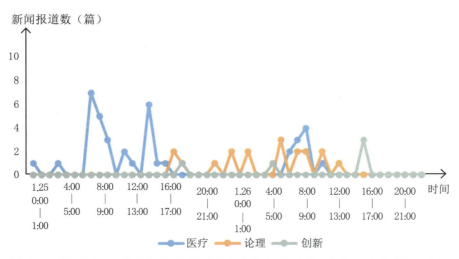

图 5.6　2018 年 1 月 25 日至 1 月 26 日体细胞克隆猴延伸类新闻报道数随时间变化图

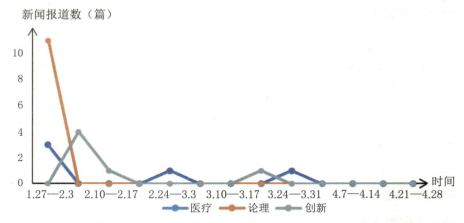

图 5.7　2018 年 1 月 27 日至 4 月 28 日体细胞克隆猴延伸类新闻报道数随时间变化图

　　通过对图 5.6 和图 5.7 进行分析，发现延伸类新闻数量第一次和第二次峰值出现时，新闻内容是关于体细胞克隆猴在医疗领域用途的报道；第三次峰值出现时，新闻内容涉及医疗和伦理领域；第四次峰值出现时，新闻内容主要是关于伦理类话题的报道。

第二节
研究方法

一、问题设计

　　为了对科学传播的效果进行详细研究，采用问卷调查的方法对两个典型案例的知晓情况、知晓渠道、公众态度及行为进行统计分析。问卷分为三部分：第一部分是对问卷收集背景的简要介绍和填写说明；第二部分是关于被试人员的人口特征情况的问题；第三部分是关于世界首例体细胞克隆猴与"中国天眼"FAST两个案例的问题，分别从受众对传播案例的认知、态度、表现出来的具体行为及获得案例的传播渠道和方式等开展调研。第二部分与第三部分具体问题见附件1《科学传播案例调研问卷》。

二、问卷的发放与回收

问卷采用非概率抽样方式选取样本，为避免样本偏差对研究结果产生的影响，在多个职业领域中选择被试样本。为了避免问卷在设计过程中产生的语义偏差，在正式发布问卷之前，邀请科研机构和传播领域的4位专家进行测试，根据专家的意见进行一次问卷修改。然后，在不同行业选取了30名被试人员进行测试并根据其填写反馈进行二次修改，从而确定本研究的最终问卷。在问卷调查过程中，对数据质量进行多重检验，保证调查的科学性和准确性。问卷发布历时2个月，收集977份问卷，最终根据问卷中反向测试题目和被试时间（根据问卷填写情况进行多次测试，确定被试人员填写时间在90秒以下的问卷为无效问卷）进行筛选，最终确定732个有效样本，样本有效率为75%。被试样本的具体人口统计特征如下表5.1所示。

表 5.1　样本构成分布表

测量项	分类	人数	比率（%）	测量项	分类	人数	比率（%）
性别	男	378	51.64%	年龄	15 岁以下	5	0.68%
	女	354	48.36%		16—20 岁	14	1.91%
职业	公务员	46	6.28%		21—25 岁	145	19.81%
	国有企业员工	86	11.75%		26—30 岁	139	18.99%

续表

测量项	分类	人数	比率（%）	测量项	分类	人数	比率（%）
职业	事业单位员工*	116	15.85%	年龄	31—40 岁	284	38.80%
	私有企业员工	147	20.08%		41—50 岁	124	16.94%
	外资企业员工	19	2.60%		51—60 岁	16	2.19%
	科研机构人员	46	6.28%		60 岁以上	5	0.68%
	教师	55	7.51%	教育程度	初中及以下	6	0.82%
	农民（农民工）	5	0.68%		高中和大专	63	8.61%
	学生	163	22.27%		本科	266	36.34%
	其他	49	6.70%		硕士及以上	397	54.23%

＊注：本研究被试人员中的事业单位员工不包含相关单位的科研人员和教师。

　　针对"您第一次看到FAST/体细胞克隆猴相关新闻的态度""您现在对FAST/体细胞克隆猴的态度""FAST/体细胞克隆猴相关新闻是否加深您对中科院的认知"三个表达公众态度的问题,采用SPSS22.0软件对调查数据进行信度和效度检验,结果显示FAST部分问卷的克隆巴赫系数为0.834, KMO值为0.730,且巴特利特球形检验结果显著（$P<0.05$）,说明FAST部分问卷整体结构的信度较高,问卷整体具有良好的效度;克隆猴部分问卷的克隆巴赫系数为0.813, KMO值为0.719,且巴特利特球形检验结果显著（$P<0.05$）,说明克隆猴部分问卷同样具有较好的信度和效度。

第三节
科学传播对品牌知名度产生作用的机理分析

一、作用机理

从科学传播的角度来看,大众传播往往是科研机构经常采用的比较有效的科学传播方式之一。科研机构往往通过新闻发布会、记者调研等多种形式,组织记者对希望传播的科学事件相关素材内容进行集中采访,新闻媒体将这些内容通过微信公众号、微博、网页、App、电视、广播电台等多种传播渠道传递给受众,使得受众接收到相关信息,并加深对科研机构的认知,从而提高科研机构的品牌知名度。

二、认知结果统计分析

1. 受众对FAST的认知结果分析

问卷中以"您知道以下哪些是中科院的成果""您身边的人了解FAST吗""您通过哪些渠道了解FAST相关新闻""您看到FAST相关新闻后采取的行动"来对FAST科学传播的深度进行测度。问卷结果显示,了解FAST的受访者中,男性有335人,占全部男性受访者的88.62%;女性有301人,占全部女性受访者的85.03%。可以看出,男性更有可能了解FAST,但优势并不明显。

将了解FAST的受访者的年龄、受教育程度、职业分布情况及在所有受访者中的占比情况进行统计,结果如图5.8—5.13所示。

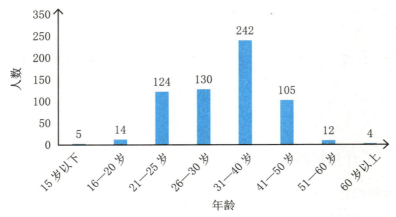

图 5.8　了解FAST的受访者年龄分布

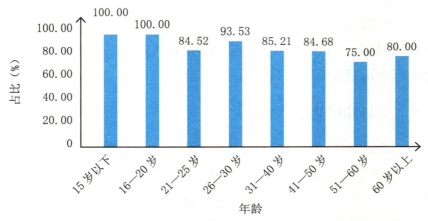

图 5.9　了解FAST的受访者在该年龄段所有受访者中的占比情况

　　从调查情况来看,年龄低于 15 岁的受访者有 5 人,年龄在 16—20 岁的受访者有 14 人,这两个年龄段的受访者全部都了解FAST;26—30 岁的受访者中有 130 人了解FAST,占这个年龄段受访人数的 93.53%;但51—60 岁的受访者中仅有 75.00% 了解FAST,为 12 人;其余年龄段的受访者中,了解FAST的占比均为 80.00%—90.00%。

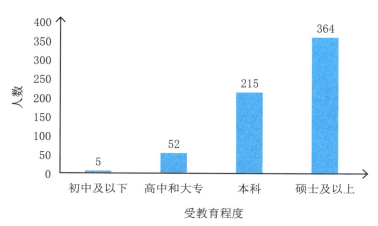

图 5.10　了解FAST的受访者受教育程度分布

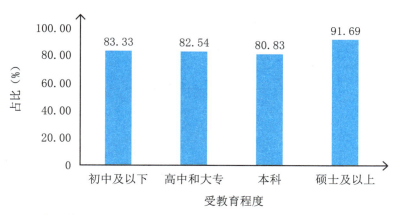

图 5.11　了解FAST的受访者在该受教育程度所有受访者中的占比情况

从调查情况来看,受教育程度为初中及以下、高中和大专、本科、硕士及以上的受访者中了解FAST的占比分别为: 83.33%、82.54%、80.83%、91.69%;受教育程度为硕士及以上的受访者中了解FAST的人数比例最高,受教育程度为本科的受访者中了解FAST的人数比例最低。受教育程度对是否了解FAST有影响,但不是完全正向的影响。

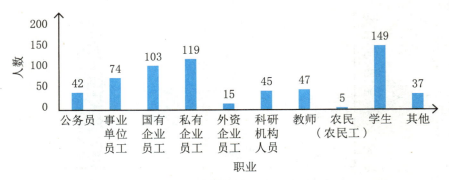

图 5.12　了解FAST的受访者职业分布

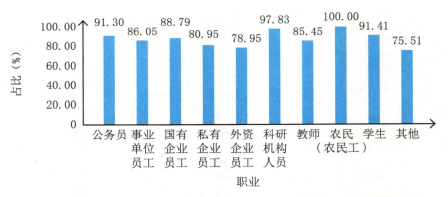

图 5.13　了解FAST的受访者在从事该职业的所有受访者中的占比情况

从调查情况来看，各职业的受访者中了解FAST的比例均不低于75%。受访者中的 5 个农民（农民工）均了解FAST，科研机构人员中了解FAST人数为 45 人，占比次之，为97.83%。从事问卷中所列职业之外的其他职业的受访者中了解FAST的人数为 37 人，占比最少，为75.51%。由此可以看出，从事的职业会对公众是否了解FAST产生影响。

根据问卷中"您身边的人了解FAST 吗"这一问题答案相关数据，本研究对了解FAST的受访者的身边人士了解FAST的程度进行分析，结果如图 5.14 所示。

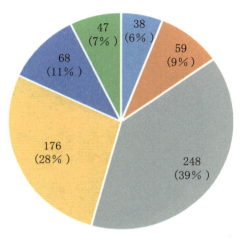

图 5.14　了解FAST的受访者的身边人士对FAST的了解程度统计图

从图 5.14 可以看出,了解FAST的受访者中,其身边人士一般了解FAST的有 248 人（占比 39%）,身边人士对FAST了解不多的有 176 人（占比 28%）,了解FAST的受访者中,身边人士非常了解FAST的有 38 人（占比 6%）,身边人士完全不了解FAST的 68 人（占比 11%）。结果表明,虽然受访者了解FAST,但其身边人士对FAST的了解程度大多停留在比较浅显的层面。

强度对应的是保持的阶段,该指标体现的是受众接收信息后的认知改变,即受众对某项科技成果或某个科学人物认知状态和认知程度的改变。以"您第一次看到FAST相关新闻的态度""您现在对FAST相关新闻的态度""您通过什么方式加深对FAST的认识""FAST相关新闻是否加深了您对中科院的认识"等问题来对FAST科学传播的强度进行测度。将受访者第一次看到FAST新闻时的态度与现在对FAST的态度分别进行统计，结果分别如图 5.15、图 5.16 所示。

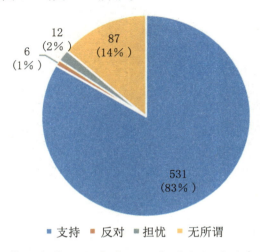

图 5.15　受访者第一次看到FAST相关新闻时的态度统计图

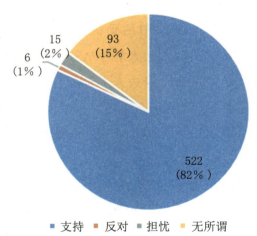

图 5.16　受访者现在对FAST的态度统计图

第一次看到FAST相关新闻时，有 531 人（占比 83%）支持FAST建设，另有6人（占比1%）持反对态度，12人（占比2%）持担忧态度，87人（占比14%）持无所谓态度。经过一段时间的了解，现在有522人（占比82%）支持FAST建设，6人（占比1%）反对FAST建设，15人（占比2%）对此持担忧态度，93人（占比15%）持无所谓态度。为了分析受访者态度的详细变化情况，对受访者态度的变化情况进行了统计，结果如表5.2所示。

表5.2　受访者对FAST建设态度变化的人数统计表

第一次看到FAST相关新闻时的态度	现在对FAST的态度	人数
支持（531人）	支持	513
	反对	1
	担忧	4
	无所谓	13
反对（6人）	支持	0
	反对	5
	担忧	1
	无所谓	0
担忧（12人）	支持	2
	反对	0
	担忧	8
	无所谓	2
无所谓（87人）	支持	7
	反对	0
	担忧	2
	无所谓	78

通过比较图5.15与图5.16，仅能看出现在支持FAST建设的人数比之前少了9人，但从表5.2可以看出持支持态度人数的具体变化情况是：从支持态度变为其他态度的有18人，由其他态度转为支持态度的有9人。由反对态度转为其他态度的有1人，由担忧态度转为其他态度的有4人，

由无所谓态度转为其他态度的有 9 人。发生态度变化的受访者中，由支持态度转为无所谓态度的人数最多，有 13 人。

了解到受访者对 FAST 建设态度的变化后，就受访者加深对 FAST 认识的方式及相关人数进行了统计，统计结果如图 5.17 所示。

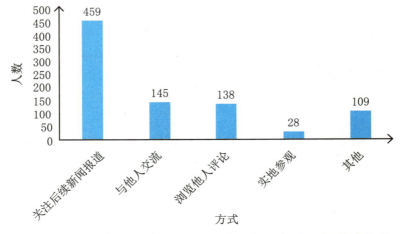

图 5.17　受访者加深对 FAST 认识的方式及相关人数的统计图

通过图 5.17 可以看出，459 名受访者通过后续新闻加深对 FAST 的认识；145 名受访者通过与他人交流，138 名受访者通过浏览他人评论，听取他人观点，从而加深对 FAST 的认识；28 名受访者实地参观过 FAST。这说明持续的新闻报道会加深公众对 FAST 的认识，同时，也要注意受众通过浏览其他人评论，以及与周边人交流产生的加深认识效果。

之后，对由"支持"转为其他态度的公众及由其他态度转为"支持"态度的公众加深对 FAST 的认识的方式分别进行统计，结果如图 5.18、5.19 所示。

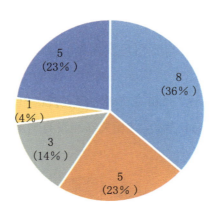

图 5.18　支持态度变为其他态度的受访者对FAST加深认识的方式

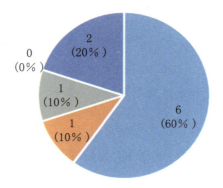

图 5.19　其他态度变为支持态度的受访者对FAST加深认识的方式

对图 5.18、图 5.19 进行比较,可以看出:由其他态度转为支持态度的受访者倾向于持续关注后续新闻报道,由支持态度转为其他态度的受访者倾向于与他人交流、浏览他人评论。这表明,新闻可以让人了解更多关于FAST的正面信息,促使受访者支持FAST建设;而与他人交流或者浏览他人评论时,他人的错误理解与过度的担忧会导致受访者不再支持FAST

建设。

最后,本研究对FAST的相关新闻是否加深了公众对中科院的认识进行了统计,结果如图5.20所示。从图5.20中可以看出,496名（占比78%）受访者认为FAST的相关新闻加深了自己对中科院的认识,仅有34名（占比5%）受访者认为FAST相关新闻没有加深自己对中科院的认识。

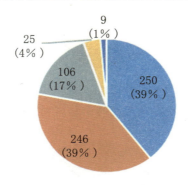

图 5.20　FAST相关新闻是否加深公众对中科院认识统计图

通过以上分析,可以得出四点结论:

公众对FAST的认识与公众性别、年龄、职业、受教育程度均有关。

公众可以通过各类媒体、与他人交流等方式了解FAST。其中,新闻网页和电视是公众了解FAST的主要渠道。

关注后续新闻报道、与他人交流、浏览他人评论、实地参观等方式均能加强公众对FAST的认知,其中后续新闻是加深公众对FAST认识最重要的渠道。与他人评论、他人交流观点相比,后续新闻可以为公众传播更为正确的信息,使公众对FAST有更正确的认识。

对FAST的宣传,有助于加深公众对中科院的认知,进一步提升中国科学院在公众心目中的知名度。

因此,中国科学院要实现健康可持续发展,必须加强科学传播工作,积极宣传中国科学院的科技成果、技术设备和科研人员,做好正面科学传播,通过正面舆论来树立中国科学院的形象,丰富中国科学院的品牌资产。

2. 受众对体细胞克隆猴的认知结果分析

问卷中以"您知道以下哪些是中科院的成果""您身边的人了解体细胞克隆猴吗""您通过哪些渠道了解体细胞克隆猴相关新闻""您看到体细胞克隆猴相关新闻后采取的行动"来对体细胞克隆猴科学传播的深度进行测度。问卷结果显示,了解体细胞克隆猴的受访者中,男性有 113 人,占全部男性受访者的 29.89%;女性受访者有 103 人,占全部女性受访者的 29.10%。可以看出,男性受访者中了解体细胞克隆猴的人数更多,但性别因素对受访者是否了解体细胞克隆猴的影响效果并不明显。

对了解体细胞克隆猴的受访者的年龄、受教育程度、职业分布情况及在所有受访者中的占比情况进行统计,结果如下所示。

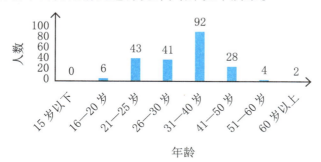

图 5.21　了解体细胞克隆猴的受访者年龄分布

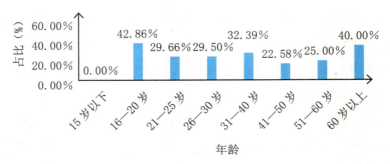

图 5.22　了解体细胞克隆猴的受访者在该年龄段受访者中的占比情况

从了解体细胞克隆猴的受访者年龄分布来看（参考表 5.1），16—20 岁的受访者中有 6 人了解体细胞克隆猴，占这一年龄段受访者的 42.86%；年龄在 60 岁以上的受访者中有 40% 了解体细胞克隆猴，为 2 人；31—40 岁的受访者中有 92 人，也就是该年龄段 32.39% 的受访者了解体细胞克隆猴；但年龄小于 15 岁的受访者无人了解体细胞克隆猴；其余年龄段的受访者中，有 20%—30% 了解体细胞克隆猴。

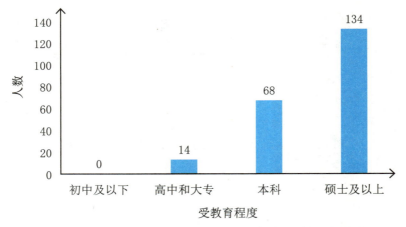

图 5.23　了解体细胞克隆猴的受访者受教育程度分布

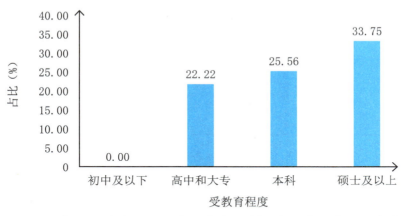

图 5.24　了解体细胞克隆猴的受访者在该受教育程度所有受访者中的
占比情况

　　从了解体细胞克隆猴的受访者受教育程度分布来看（参考表 5.1），
随着受访者受教育程度的增长，了解体细胞克隆猴的可能性也随之增长。
受教育程度为初中及以下的受访者中无人了解体细胞克隆猴；受教育程
度为高中或大专的受访者中有 14 人了解体细胞克隆猴，在受教育程度为
高中或大专的所有受访者中占比为 22.22%；受教育程度为本科的受访
者中了解体细胞克隆猴的占比为 25.56%，为 68 人；受教育程度为硕士及
以上的受访者中有 33.75% 的人了解体细胞克隆猴，为 134 人。由这些数
据可以看出，受教育程度对受访者是否了解体细胞克隆猴具有完全正向
的影响。

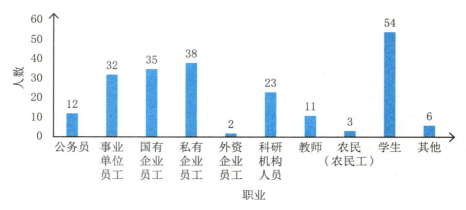

图 5.25　了解体细胞克隆猴的受访者职业分布

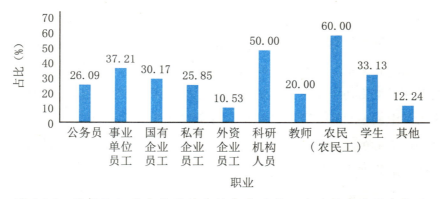

图 5.26　了解体细胞克隆猴的受访者在同类职业的所有受访者中的

占比情况

从了解体细胞克隆猴的受访者职业分布来看，不同职业的受访者了解体细胞克隆猴的比例差距较大。农民（农民工）中了解体细胞克隆猴的人数比例最高，达到 60%；科研机构人员中了解体细胞克隆猴人数占比次之，为 50%；外资企业员工了解体细胞克隆猴的人数占比最少，为 10.53%。由此可以看出，公众自身的职业会对其是否了解体细胞克隆猴产生影响。

根据问卷中"您身边的人了解体细胞克隆猴吗"这一问题答案相关数据,本研究对216位了解体细胞克隆猴的受访者的身边人士了解体细胞克隆猴的程度进行统计,统计结果如图5.27所示。

■ 非常了解　　■ 很了解　　■ 一般了解
■ 了解不多　　■ 完全不了解　　■ 不清楚他们是否了解

图5.27　了解体细胞克隆猴的受访者的身边人士对体细胞克隆猴的
了解程度统计图

从图5.27可以看出,了解体细胞克隆猴的受访者中,其身边人士一般了解体细胞克隆猴的有75人(占比35%),身边人士对体细胞克隆猴了解不多的有72人(占比34%);身边人士非常了解体细胞克隆猴的有11人(占比5%),身边人士完全不了解体细胞克隆猴的22人(占比10%)。结果表明,虽然受访者了解体细胞克隆猴,但其身边人士对体细胞克隆猴的了解程度大多停留在比较浅显的层面,没有深入、详细的了解。

问卷以"您第一次看到体细胞克隆猴相关新闻的态度""您现在对体细胞克隆猴相关新闻的态度""您通过哪些方式加深对体细胞克隆猴的认识""体细胞克隆猴相关新闻是否加深了您对中国科学院的认识"等问题来对体细胞克隆猴科学传播的强度进行测度。将受访者第一次看到体细胞克隆猴新闻时的态度与现在对体细胞克隆猴的态度分别进行统计，结果分别如图 5.28、图 5.29 所示。

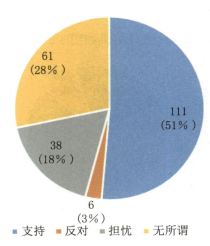

图 5.28　受访者第一次看到体细胞克隆猴相关新闻时的态度统计图

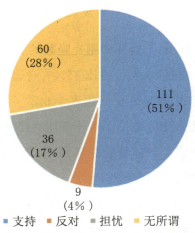

图 5.29　受访者现在对体细胞克隆猴的态度统计图

在受访者第一次看到体细胞克隆猴相关新闻时，有 111 人（占比

51%）支持体细胞克隆猴技术，6 人（占比 3%）持反对态度，38 人（占比 18%）持担忧态度，61 人（占比 28%）持无所谓态度。经过一段时间，总体转变为：有 111 人（占比 51%）支持体细胞克隆猴技术，9 人（占比 4%）反对体细胞克隆猴技术，36 人（占比 17%）对该技术持担忧态度，60 人（占比 28%）持无所谓态度。为了分析受访者态度的详细变化情况，我们对受访者态度的变化情况进行了统计，结果如表 5.3 所示。

表 5.3　受访者对体细胞克隆猴态度变化的人数统计表

第一次看到体细胞克隆猴相关新闻时的态度	现在对体细胞克隆猴的态度	人数
支持（111）	支持	101
	反对	2
	担忧	4
	无所谓	4
反对（6）	支持	1
	反对	3
	担忧	2
	无所谓	0
担忧（38）	支持	6
	反对	4
	担忧	25
	无所谓	3
无所谓（61）	支持	3
	反对	0
	担忧	5
	无所谓	53

通过比较图 5.28 与图 5.29，可以得知支持体细胞克隆猴研究的人数没有发生变化，但从表 5.3 可以看出持支持态度人数的具体变化情况是：从支持态度变为其他态度的有 10 人，由其他态度转为支持态度的有 10 人。发生态度变化的受访者中，由担忧态度转为支持态度的人数最多，有 6 人。

了解到受访者对体细胞克隆猴研究的态度变化后，就受访者加深对体细胞克隆猴的认识的方式及相关人数进行了统计，统计结果如图 5.30 所示。

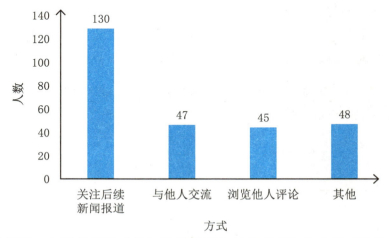

图 5.30　加深受访者对体细胞克隆猴认识方式及相关人数的统计图

通过图 5.30 可以看出，130 名受访者通过后续新闻加深了对体细胞克隆猴的认识；47 名受访者通过与他人交流，45 名受访者通过浏览他人评论，听取他人观点，加深对体细胞克隆猴的认识；48 名受访者通过其他方式加深对体细胞克隆猴的认识。这说明持续的新闻报道会加深公众对体细胞克隆猴的认识，同时，也要注意科学传播过程中，受众通过浏览其他人评论，以及与周边人交流产生的加深认识效果。

之后，对由"支持"转为其他态度的公众及由其他态度转为"支持"态度的公众加深对体细胞克隆猴认识的方式分别进行统计，结果如图 5.31、图 5.32 所示。

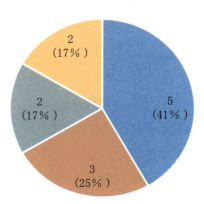

图 5.31　支持态度变为其他态度的受访者对体细胞克隆猴
加深认识的方式

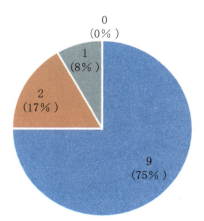

图 5.32　其他态度变为支持态度的受访者对体细胞克隆猴
加深认识的方式

对图 5.31、图 5.32 进行比较,可以看出:由支持态度转为其他态度的
受访者倾向于与他人交流、浏览他人评论;由其他态度转为支持态度的受

访者倾向于持续关注后续新闻报道。这表明,新闻报道可以让人了解更多关于体细胞克隆猴的正面信息,促使受访者支持体细胞克隆猴技术的发展;而与他人交流或者浏览他人评论时,他人的错误理解与过度的担忧会促使受访者不再支持体细胞克隆猴技术的发展。

最后,本研究对体细胞克隆猴的相关新闻是否加深了公众对中科院的认知进行了统计,结果如图 5.33 所示。从图 5.33 中可以看出, 161 名（占比 74%）受访者认为体细胞克隆猴的相关新闻加深了自己对中科院的认识,仅有 20 名（占比 10%）受访者认为体细胞克隆猴相关新闻没有加深自己对中科院的认识。

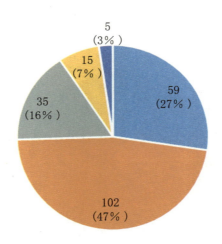

■ 非常同意　■ 同意　■ 不确定　■ 不同意　■ 完全不同意

图 5.33　体细胞克隆猴相关新闻是否加深公众对中科院认识统计图

通过以上分析,可以得出四点结论:公众对体细胞克隆猴的认识程度与公众性别、年龄、职业、受教育程度均有关;性别差异对公众是否了解体细胞克隆猴影响不明显,但从事不同职业对公众是否了解体细胞克隆猴影响很大,此外青年与中年群体更有可能了解体细胞克隆猴,而受教育程度与了解体细胞克隆猴则呈正相关关系。

公众可以通过各类媒体、与他人交流等方式了解体细胞克隆猴。其中,网页和微信朋友圈是公众了解体细胞克隆猴的主要渠道。

关注后续新闻报道、与他人交流、浏览他人评论等方式均能加深公众对体细胞克隆猴的认识,其中关注后续新闻报道是加深公众对体细胞克隆猴认识最重要的方式。与浏览他人评论、与他人交流的方式相比,关注后续新闻报道可以使公众获得更为正确的信息,从而对体细胞克隆猴有更正确的认识。

对体细胞克隆猴的宣传,有助于加深公众对中科院的认知,进一步提升中科院的品牌知名度。

（3）两个案例的认知结果对比分析

综合分析"中国天眼"FAST与世界首例体细胞克隆猴案例科学传播的受众认知结果,得出两个案例的区别如下,见表5.4所示。

表5.4 "中国天眼"FAST与体细胞克隆猴传播案例认知结果对比分析

因素	FAST		体细胞克隆猴	
年龄	30岁以下的人群知晓率高	51岁以上的人群知晓率最低	16—20岁、31—40岁和60岁以上的人群知晓率最高	41—60岁的人群知晓率最低
受教育程度	总体相近		随着学历变高而增加	
职业[去除了人数较少的"农民（农民工）"系列]	科研机构人员和公务员知晓率最高	外资企业员工和私企员工知晓率最低	科研机构人员和事业单位员工知晓率高	私企员工知晓率最低
第一次看到新闻的态度	83%的支持率	1%的反对率,2%的担忧率	51%的支持率	3%的反对率18%的担忧率
填写问卷时对事件的态度	82%的支持率	1%的反对率,2%的担忧率	51%的支持率	4%的反对率17%的担忧率

续表

因素	FAST	体细胞克隆猴
通过何种交流，态度由"支持"变为"其他"	关注后续新闻报道36%；与他人交流23%	关注后续新闻报道41%；与他人交流25%
通过何种交流，态度由"其他"变为"支持"	关注后续新闻报道60%；与他人交流10%	关注后续新闻报道75%；与他人交流17%

* 注：本研究被试人员中的事业单位员工不包含相关单位的科研人员和教师。

统计结果显示：

受访者对FAST的知晓率呈现出青年人高、老年人低的特征，与受访者对体细胞克隆猴的知晓率特征，即青壮年和老年（60岁以上）知晓率高、中年（41—60岁）知晓率低形成鲜明对比。这个结果暗示着青年对工程类科技成果新闻报道相对敏感，同时，老年人对生命科学类科技成果新闻报道相对敏感。

受教育程度不同的受访者，对于FAST呈现相对总体相近的知晓率，但是，对于体细胞克隆猴呈现出鲜明的学历高知晓率高的特征。这表明对体细胞克隆猴的了解兴趣，多以一定深度和广度的知识背景为基础，知识背景的深度和广度影响到人们对新闻的兴趣点。

在职业因素上，可以看出，科研机构员工、公务员、事业单位员工（不包含相关单位的科研人员和教师）对科技成果新闻报道兴趣相对高，而私企和外企员工的关注度较低。

从受访者看到新闻的态度来看，对FAST建设的支持率为83%，远高于体细胞克隆猴的支持率51%；对FAST建设的反对率为1%，担忧率为2%，远低于反对或担忧体细胞克隆猴研究的3%和18%。这一高一低，反映出受众对作为"大科学装置"的FAST项目和"生命科学领域科技创新"的体细胞克隆猴技术的态度的区别，即人们对科学装置建设的态度基本趋于支持,但是,对于生命科学领域的成果,则部分持担忧或反对的质疑态度,反映出人们对生命科学领域成果的谨慎态度。

从影响态度变化的因素来看,两个案例反映的基本一致。其中,后续新闻报道对人们的态度影响最大,但是影响方向不能确定;"与他人进行交流"也深刻影响人们的态度,说明人们的态度受到身边人士的影响也相对较大,表明科研机构在科学传播过程中要注意利用特定人群去影响其身边人的态度。

三、传播渠道分析

每个人都可以从多种渠道,而不是单一的渠道了解FAST,因此本研究对通过不同渠道了解FAST的人数进行统计,统计结果如图 5.34 所示。

图 5.34　通过不同渠道了解FAST的人数统计图

从图 5.34 可以看出,公众了解FAST的渠道有很多。其中,使用人数最多的渠道为网页,其次是电视;268 人通过网页了解FAST,250 人通过电视了解FAST。使用人数较少的三种渠道为报纸、手机App与广播电台,使用人数分别为 88 人、80 人、72 人。

以"您看到FAST相关新闻后采取的行动"来对FAST科学传播的深度进行测度。通过不同渠道看到FAST相关新闻后，每个人都会采取不同的行为。对采取不同行为的人数进行统计，统计结果如图5.35所示。

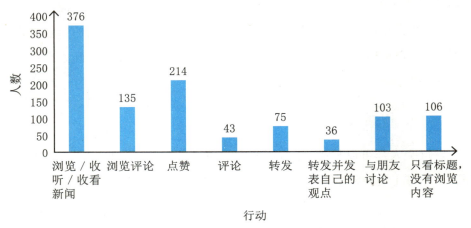

图 5.35　看到FAST相关新闻后采取不同行动的人数统计图

图5.35表明：看到FAST相关新闻后，会浏览/收听/收看新闻的人数最多，有376人；对FAST相关新闻点赞的人数次之，有214人；会浏览评论、只看标题、与朋友讨论、转发、评论FAST相关新闻的分别有135人、106人、103人、75人、43人；能够转发并发表自己观点的人数最少，仅有36人。

每个人都可以从多种渠道，而不是单一的渠道了解体细胞克隆猴，因此本研究对通过不同渠道了解体细胞克隆猴的人数进行统计，统计结果如图5.36所示。

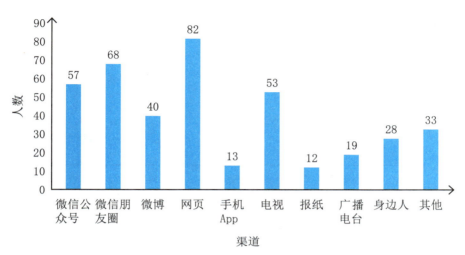

图 5.36　通过不同渠道了解体细胞克隆猴的人数统计图

从图 5.36 可以看出，公众了解克隆猴的渠道有很多。其中，网页是人们使用最多的渠道，其次是微信朋友圈；82 人通过网页了解体细胞克隆猴，68 人通过微信朋友圈了解体细胞克隆猴。使用人数最少的三种渠道为广播电台、手机App 与报纸，使用人数分别为 19 人、13 人、12 人。

通过不同渠道看到体细胞克隆猴相关新闻后，人们都会采取不同的行为。对采取每种行为的人数进行统计，统计结果如图 5.37 所示。

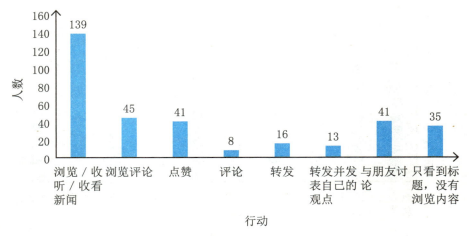

图 5.37　看到体细胞克隆猴相关新闻后采取不同行动的人数统计图

图 5.37 表明：看到体细胞克隆猴相关新闻后，会浏览/收听/收看新闻的人数最多，有 139 人；浏览评论的人数次之，有 45 人；点赞和与朋友讨论的人数相同，有 41 人；发表自己评论的人数最少，仅有 8 人。

第四节
受众特征对传播效果的影响分析

一、分析目的

在科学传播的过程中，不同类型受众了解科学事件的渠道不同，对科学事件的知晓程度、采取的态度和行为也不相同。为了研究受众特征对传播效果的影响,分析问卷的不同问题分别受到哪些受众特征的影响,为之后科学传播的策略优化提供数据支撑。

二、分析方法

本节对问卷调查的结果进行单因素方差分析,分别研究性别、年龄、职业或受教育水平不同时,问卷结果的均值是否相同以及这四个因素如何对问卷结果产生影响。

在进行单因素方差分析前,首先将问卷中的多选题根据选项设置转化为单选题。如:将"您通过哪些渠道了解FAST"问题转化为"您是否通过微信公众号了解FAST""您是否通过微信朋友圈了解FAST""您是否通过微博了解FAST"等问题。然后将处理后的问卷数据导入FAST,依次点击"分析""比较平均值""单因素ANOVA检验",将需要进行检验的数据导入"因变量列表",将需要进行分析的因素导入"因子",在"选项"中勾选"方差齐性检验",在"事后比较"中勾选"塔姆黑尼T2",显著性水平默认为0.05。若方差齐性检验结果为齐性,则对"单因素方差分析"的结果进行分析。

三、"中国天眼"FAST案例分析结果

分别对"性别""年龄""受教育程度""职业"等因素是否对"您是否了解FAST""身边的人了解FAST的程度""公众了解FAST的渠道""公众看到FAST相关新闻后采取的行动""第一次看到FAST相关新闻时的态度""现在对FAST的态度""通过哪些渠道加深对FAST的认识""FAST相关新闻是否加深公众对中科院认识"问题答案产生显著性影响进行分析。将通过方差齐性检验的数据进行单因素方差分析,并将

统计结果在表 5.5 中列出。

统计得知，共有 25 组数据通过了方差齐性检验，可以进行单因素方差分析，根据素方差分析的原理，当 $P \geq 0.05$ 时，接受原假设，可认为因素对该题项的结果没有显著影响，当 $P < 0.05$ 时，拒绝原假设，可认为因素对该题项的结果有显示性影响。从表 5.5 的结果来看，"性别"因素对"您身边的人是否了解 FAST"有显著影响。男性受访者中，身边人士了解 FAST（包括"非常了解""很了解"与"一般了解"）的人数占比为 62%，而女性受访者中，身边人士了解 FAST 的人数占比为 45%。男性受访者的身边人士了解 FAST 的比例高于女性受访者。"性别"因素对"FAST 相关新闻是否加深了您对中科院的认识"有显著影响，81% 的男性受访者认为 FAST 的相关新闻加深了他对中科院的认识，仅有 74% 的女性受访者认为 FAST 的相关新闻加深了她对中科院的认识，由此可见，男性受访者更容易通过 FAST 的相关新闻来了解中科院，加深对中科院的认知。"年龄"因素对"身边的人是否了解 FAST"有显著影响，在不同年龄受访者中，身边人士了解 FAST 的占比排序为：15 岁以下受访者>31—40 岁受访者>16—20 岁受访者=51—60 岁受访者=60 岁以上受访者>26—30 岁受访者>21—25 岁受访者>41—50 岁受访者。老年与少年受访者身边的人了解 FAST 的比例更高，而中青年受访者身边的人了解 FAST 的比例相对较低。"受教育程度"因素对"您是否通过其他途径了解 FAST"有显著影响，受教育程度为初中以下的受访者通过"其他途径"（除微信公众号、微信朋友圈、微博、网页、手机 App、电视、报纸、广播电台和身边人士外的渠道）了解 FAST 的人数占比为 60%，而其他受教育程度的受访者通过"其他途径"了解 FAST 的人数占比均不足 20%，且受教育程度越高，通过"其他渠道"了解 FAST 的人数占比越少。

表 5.5 FAST案例单因素方差分析结果

因素	题项	F	显著性（P）
性别	您身边的人了解FAST吗	23.621	0.000
	您是否通过微博了解FAST	0.038	0.845
	您是否通过手机App了解FAST	0.469	0.494
	您看到FAST相关新闻后是否与朋友讨论	0.073	0.787
	您是否通过与他人交流加深了对FAST的认识	0.068	0.795
	您是否通过浏览他人评论加深了对FAST的认识	0.018	0.895
	FAST相关新闻是否加深了您对中科院的认识	7.197	0.007
年龄	您了解FAST吗	3.799	0.052
	您身边的人了解FAST吗	2.226	0.031
	FAST相关新闻是否加深了您对中科院的认识	1.846	0.076
受教育程度	您身边的人了解FAST吗	1.052	0.369
	您是否通过身边的人了解FAST	2.137	0.094
	您是否通过其他途径了解FAST	2.816	0.038
	您看到FAST相关新闻后是否浏览/收看/收听新闻	0.043	0.988
	您看到FAST相关新闻后是否点赞	0.108	0.956
	您看到FAST相关新闻后是否评论	1.027	0.380
	您看到FAST相关新闻后是否与朋友讨论	0.790	0.500
	您看到FAST相关新闻后是否只是看到标题,没有浏览内容	0.315	0.815
	您是否通过后续新闻加深了对FAST的认识	0.256	0.857
	您是否通过与他人交流加深了对FAST的认识	0.502	0.681
	您是否通过浏览他人评论加深了对FAST的认识	0.398	0.755
	FAST相关新闻是否加深了您对中科院的认识	2.624	0.050
职业	您了解FAST吗	4.81	0.488
	您身边的人了解FAST吗	1.523	0.136
	FAST相关新闻是否加深了您对中科院的认识	3.505	0.240

四、体细胞克隆猴案例分析结果

分别对"性别""年龄""受教育程度""职业"是否对"公众是否了解体细胞克隆猴""身边的人了解体细胞克隆猴的程度""公众了解体细

胞克隆猴的渠道""公众看到体细胞克隆猴相关新闻后采取的行动""第一次看到体细胞克隆猴相关新闻时的态度""现在对体细胞克隆猴的态度""通过哪些渠道加深对体细胞克隆猴的认知""体细胞克隆猴相关新闻是否加深公众对中科院认识"问题产生显著性影响进行分析。将通过方差齐性检验的数据进行单因素方差分析，并将结果统计如表 5.6 所示。

表 5.6　体细胞克隆猴（以下简称克隆猴）案例单因素方差分析结果

因素	题项	F	显著性（P）
性别	您了解克隆猴事件吗	0.506	0.813
	您身边的人了解克隆猴事件吗	1.309	0.254
	您是否通过网页了解克隆猴事件	0.754	0.386
	您是否通过手机App了解克隆猴事件	0.468	0.494
	您看到克隆猴事件相关新闻后是否浏览/收看/收听新闻	0.041	0.839
	您看到克隆猴事件相关新闻后是否转发	0.106	0.745
	您第一次看到克隆猴事件相关新闻的态度	1.183	0.278
	您现在对克隆猴事件的态度	1.175	0.280
	您是否通过浏览他人评论加深了对克隆猴事件的认识	0.237	0.627
	克隆猴事件相关新闻是否加深了您对中科院的认识	2.462	0.118
年龄	您身边的人了解克隆猴事件吗	0.852	0.531
	您是否通过手机App了解克隆猴事件	0.336	0.917
	您是否通过广播电视台了解克隆猴事件	0.365	0.900
	您看到克隆猴事件相关新闻后是否评论	0.268	0.951
	克隆猴事件相关新闻是否加深了您对中科院的认识	1.660	0.132
受教育程度	您身边的人了解克隆猴事件吗	1.428	0.242
	您是否通过网页了解克隆猴事件	0.989	0.374
	您是否通过电视了解克隆猴事件	2.663	0.072
	您是否通过广播电视台了解克隆猴事件	0.146	0.864
	您看到克隆猴事件相关新闻后是否浏览/收看/收听新闻	0.225	0.799
	您看到克隆猴事件相关新闻后是否评论	1.160	0.316
	您第一次看到克隆猴事件相关新闻的态度	2.967	0.054

续表

因素	题项	F	显著性（P）
受教育程度	您现在对克隆猴事件的态度	4.681	0.010
	您是否通过后续新闻加深了对克隆猴事件的认识	0.422	0.656
	您是否通过与他人交流加深了对克隆猴事件的认识	0.003	0.997
	您是否通过浏览他人评论加深了对克隆猴事件的认识	0.658	0.519
	您是否通过其他方式加深了对克隆猴事件的认识	0.175	0.840
	克隆猴事件相关新闻是否加深了您对中科院的认识	1.813	0.166
职业	您身边的人了解克隆猴事件吗	1.460	0.165
	您是否通过其他方式加深了对克隆猴事件的认识	1.102	0.363
	克隆猴事件相关新闻是否加深了您对中科院的认识	2.092	0.032

统计得知，共有 31 组数据通过了方差齐性检验，可以进行单因素方差分析。从表 5.6 可以看出，"受教育程度"因素对"您现在对体细胞克隆猴事件的态度"有显著影响，受教育程度为初中及以下的受访者中无人了解体细胞克隆猴事件，受教育程度为硕士及以上的受访者中支持体细胞克隆猴研究的比例为 59%；受教育程度为高中和大专的受访者支持体细胞克隆猴研究的比例次之，为 57%；受教育程度为本科的受访者支持体细胞克隆猴研究的人数占比最少，仅有 35%。"职业"因素对"体细胞克隆猴事件相关新闻是否加深了您对中科院的认识"有显著影响，受访者中的外资企业员工、农民（农民工）均通过体细胞克隆猴事件的相关新闻加深了对中科院的认识，而国有企业员工与其他职业人员通过体细胞克隆猴事件的相关新闻加深对中科院认识的人数占比较低，不足 60%。

五、对比分析

方差分析结果显示，男性受访者身边的人了解"中国天眼"FAST 的人数占比高于女性受访者，男性受访者中，通过 FAST 相关新闻加深对中国科学院认识的人数比例也要高于女性受访者；而在体细胞克隆猴的案例中，性别因素却没有显示出明显的影响。职业因素对"您是否通过克隆

猴相关新闻加深了对中科院的认识"有显著影响,而在"中国天眼"FAST
案例中,职业因素没有产生显著影响。究其原因可能为,FAST工程为大
科学装置,而体细胞克隆猴案例为生命科学研究领域成果,相比较而言,
后者比前者更贴近普通人的生活,因此,性别因素没有对后者的案例传播
效果产生显著性影响。

从年龄因素来看,老年与少年受访者身边的人了解FAST的比例较
高,而青年受访者身边的人了解FAST的比例较低。但年龄因素没有对
"身边的人是否了解克隆猴"产生显著性影响。受教育程度分别对"公众
是否通过其他渠道了解FAST"与"公众现在对克隆猴的态度"产生显著
影响。究其原因,年龄与受教育程度影响了公众的阅历与观察事物的方
式和出发点;不同领域的科研成果,给公众带来的感知是不同的,因此公
众对不同科研成果的态度也不相同。

第五节
案例研究启示

从素材类型上讲,本章调研的案例"中国天眼"FAST是一个大科学
装置,其建设过程属于技术装备工程项目,科学传播周期长;而体细胞克
隆猴属于生命科学领域的科技成果,科学传播周期较短。问卷结果也反
映出科学素材、传播渠道、受众认知、受众态度等科学传播环节和关键要
素的一些特性。对科学传播工作的启示有:

传播素材类型会对提升品牌知名度的效果产生影响,同时女性更偏向关注生活相关性高的素材;表明在选取传播素材上要注意相关知识介绍或者如何与大众话题相联系;生命科学类素材相比科技装置类素材,更容易引起受众担忧,从而降低对品牌美誉度的正向作用效果。建议科研机构继续细化对科学素材的分类,并对相应的属性进行评估。

从受众获取科学传播内容的渠道情况来看,网页、电视、微信朋友圈、微信公众号是排名前四的主流渠道。科研机构可以根据四类渠道的传播特性,为相应媒体机构提供更适合各个渠道的传播素材。例如文字和图片材料,更适合网页的传播;视频和专家解读等更适合电视节目;而微信公众号与朋友圈中,受众更容易看到其他朋友的评论与态度,说明该渠道影响受众认知的过程更复杂。建议科研机构重视微信等新媒体中受众之间的交流对科学传播效果的影响;未来可以增加传播过程中与受众之间的互动,综合利用各种传播方式的优势。

鉴于职业、年龄、知识水平、性别等均影响受众的认知水平,科研机构在选择科学传播内容和素材形式等方面要做到精细化作业。例如,外企员工、私企员工对两个案例的知晓率低,如果科学传播的目的中包括提升外企员工的知晓率,那么现有的传播方式效果并不合适,科研机构要进一步设计符合外企员工或私企员工的其他传播方式,利用更多渠道、内容和形式等,或者采用定向传播方式。

后续报道对受众进一步认识科学传播内容起到重要作用,提示科研机构要注意科学传播的节奏,强化受众的认知结果;同时,与他人交流也是影响进一步认知的次要原因,因此,科研机构如果有条件,可以培养一些科普志愿者,提高公众的相关知识水平,有助于提高传播对品牌认知和美誉度的正向影响作用。

第六章

科研机构科学传播策略优化问题研究

背景

近年来,部分国内学者已经开始对科学传播的策略问题进行研究,但是主要的研究对象是媒体机构,而且主要研究方向以微博、微信等新媒体互动策略为主,与科研机构科学传播策略优化相关的研究相对较少。不过,科研机构通过实践探索,也获取了一些成功的科学传播经验。

从我国第一个大科学装置北京正负电子对撞机开始,我国已经建设了一批重大基础设施。2016 年,我国落成启用 500 米口径球面射电望远镜工程,与该工程相关的科学传播取得了很好的效果。2011 年FAST项目就启动建设,但在开始阶段中国科学院并未重视相关科学传播,开建阶段只有少数媒体对该项目进行报道,而且由于缺乏专家解读,一些新媒体还曲解了FAST建设的意义,宣传FAST主要研究目标就是寻找外星人,使社会公众产生了很多误解。FAST项目团队意识到这一问题后,与中国科学院联合策划,展开了一系列有针对性的科学传播活动。2014 年 7 月,FAST 开始铺设索网,中央电视台进行了第一次现场直播报道,拉开了大规模报道FAST的序幕。此后,在铺设反射面板、馈源舱安装、落成启用等关键节点,中国科学院还采用记者行的形式,组织中央媒体集中前往贵州平塘FAST建设现场进行调研报道。此外,中国科学院还在中科院之声等新媒体网站上投放微视频,邀请果壳网等新媒体参加调研,在新媒体端也大量传播FAST的建设进展和创新成果。在宣传FAST装置的同时,还报道了研发FAST项目的科学家团队,使为FAST呕心沥血的南仁东进入大众视野。FAST成为党的十八大以来创新成果的典型科技成果，被誉为"中国天眼"，有效的科学传播让社会公众也对这一项目有了正确的认识，感受到了中国科学院的创新实力。此外，不少人看到报道后对这一大科学装置产生了浓厚的兴趣，纷纷前往贵州平塘参观，也带动了当地旅游业的发展。当地政府以此为依托，在FAST项目周边建设天文小镇，建设一批天文科普项目，组织天文领域科学共同体内部的学术交流会议，进一步带动了当地旅游业等经济发展。

但是，在看到科学传播的正面效果的同时，必须重视传播不当可能带来的负面影响。例如，过于夸大某些科技成果的作用，使之被其他媒体过度解读，易引起科学共同体的质疑，从而导致相关机构不得不出面澄清，陷入被动的局面。比如，2017年，清华大学罗永章教授团队发表"全新肿瘤标志物分泌型热休克蛋白90α"的相关成果，该成果迅速引起其他媒体的关注和报道。但是，媒体为了吸引眼球，在报道中纷纷选用夸张的标题——"重大突破！一滴血可测癌症，已被批准临床使用！中国制造！""重大突破！一滴血可测癌症，已被批准临床使用""清华突破世界难题：一滴血测癌症被批准临床使用""一滴血测癌症，清华大学罗永章挽救成千上万人的生命！"等。相关说法很快引起专家质疑，在科学共同体内部造成了很大影响，一些医生、学者也出面表示质疑，认为至今全球还没有一个血液标志物能单独作为诊断肿瘤的依据。面对质疑，罗永章研究团队也做了回应："滴血测癌"一说将复杂问题简单化，很不准确，很不严谨。虽然科研团队最后出面做了解释，但是该事件对相关科研机构造成了极其负面的影响，严重影响了社会公众对其的信任。

对于科研机构而言，可用于科学传播的素材十分丰富，这些素材分布在不同的科研领域，如生命科学领域的基因研究、新药研制等，或者是能源领域的核能技术等。素材类型又可以分为科技成果、科研装置、研究团队或人物，以及相关的衍生解读，等等。

前面几章研究结果表明，受众对于不同类型素材的接受程度不同，由此对科研机构产生的认知与美誉度也不同；另外，不同受众对传播渠道的选择也有差异（如图 6.1 所示）。

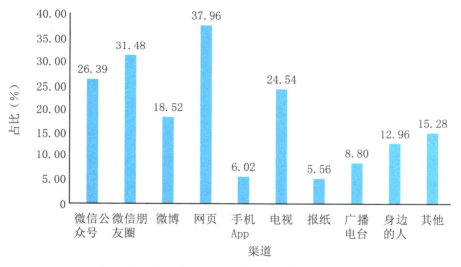

图 6.1　公众通过不同渠道了解案例的比例

科研机构在做科学传播工作过程中，同样受到活动经费预算的限制，同时，又不能忽视素材可能造成负面影响的风险。因此，如何选择合适的素材及媒体机构，并通过适宜的渠道高效地进行科普传播，已成为科研机构在科学传播工作的重要问题之一。

第二节
科学传播策略优选问题描述

　　本节主要关注和研究以公众为受众的科学传播，而非面向科学共同体的科学传播。对于面向科学共同体的科学传播形式，科研人员十分熟悉，例如发表学术论文、参加学术会议宣讲研究工作等。当科学传播面向普通公众时，普通公众不一定具备理解传播内容的背景知识，接受和理解程度将会受到一定的限制。因此，不是所有科技成果都适合作为科学传播素材。科学传播素材是科学传播的基本要素，可以根据学科领域和成果类型加以划分。学科领域的划分可以类似于国家对学科的划分，例如中华人民共和国学科分类与代码国家标准(GB/T 13745-2009)划分的一级学科分类中包括数学、信息科学与系统科学、物理学等学科。科学共同体和公众关注的科学领域素材，在科学传播的过程中会更易被接受，从而产生良好的传播效果，科研机构应该重点聚焦。2018年，全国"两会"期间科技领域的全国政协委员和全国人大代表从不同角度提出了科技领域的当前热点，人工智能、大数据、清洁能源是代表委员们关注最多的三大领域，科技人才建设和原始创新也成为其关注的焦点（帅俊全，2018a，2018b）。

　　科学传播素材根据成果类型不同可分为科技成果、人物（或团队）、技术装备、衍生报道等。中国科学院在《中国科学院科学技术研究成果管理办法》（1986）中把"科技成果"定义为：对某一科学技术研究课题，通过观察试验或辩证思维活动取得的具有一定学术意义或实用价值的创造性的结果。人物或团队主要是指取得科技成果的科研人员或科研团队。技术装备主要是指为了开展科研活动而建设或制造的装置或装备，例如大科学装置（FAST、散裂中子源、"科学号"科考船、郭守敬望远镜、上海光源、P4实验室等）、技术设备（卫星载荷、大口径光栅、高分辨显微装置等）。衍生报道主要是指由科技成果而衍生出来的对科学精神、科研价值或者国家科技创新能力、科技创新政策、创新文化的解读。

已知科学传播的素材S_{ij}，其中$i=1,2,3,\cdots$，表示素材所属的科研领域，例如数学、生命科学、天文学、信息科学等，$j=1,2,\cdots$，表示素材类型，例如科技成果、人物（或团队）、技术装备、衍生报道等；传播素材S_{ij}对科研机构品牌资产模型中的品牌知名度K的作用强度为$0 \leqslant k_{ij} \leqslant 1$，对美誉度$R$的作用强度为$0 \leqslant r_{ij} \leqslant 1$，当取值为0时，表示素材对知名度或美誉度几乎无作用；素材可能造成负面影响的风险值为$1 \leqslant v_{ij} \leqslant 9$，该数值越大表示传播素材带来负面影响的可能性越大；同时已知在第四章建立的品牌资产五维关系模型中，知名度K对信任度T的作用关系为$T=w_1K$，美誉度R对到信任度T的作用关系为$T=w_2R$；而且已知媒体机构的集合为$M=\{m=1,2,3,...\}$，其中m表示第m家媒体机构，媒体机构m主要受众类型集合为A_m，媒体机构m传播素材S_{ij}的影响力指数为$1 \leqslant I_{ijm} \leqslant 9$，值越大说明媒体宣传该类素材时产生的影响力越大；邀请媒体机构m的成本为C_m，科研机构的重点目标受众集合为$Q \subset \bigcup\limits_{m \in M} A_m$，引入0—1变量$h_{qm} \in \{0,1\}$，当目标受众类型$q \in Q$是媒体机构$m$的主要受众类型时，$h_{qm}=1$，否则为0；科学传播过程中，科研机构的科学传播预算为B，目标受众q的最少覆盖次数为N_q，科研机构可以接受的传播素材的最大风险值之和为V。

决策变量$x_{ij} \in \{0,1\}$，当选择素材S_{ij}时$x_{ij}=1$，否则为0；决策变量$y_{ijm} \in \{0,1\}$，当媒体机构m作为传播机构传播素材S_{ij}时，$y_{ijm}=1$；否则为0；决策变量$b_{im} \in \{0,1\}$，当媒体机构m受邀参与i领域的科学传播时，$b_{im}=1$；否则为0。

满足条件：不超过科学传播的总预算；重点目标受众类型的覆盖次数要达到一定量；科学传播可能带来的负面影响总风险控制在一定的水平之下。

追求目标为：对品牌资产信任度R的贡献度最大化。

第三节
科研机构科学传播策略优选模型

建立科学传播策略优选模型如下：

$$Max \sum_{m \in M} \sum_{S_{ij} \in S} (w_1 k_{ij} + w_2 r_{ij}) I_{ijm} y_{ijm} \tag{1}$$

s.t.

$$\sum_{m \in M} c_m \left(\sum_{i=1}^{I} b_{im} \right) \leqslant B \tag{2}$$

$$\sum_{m \in M} h_{qm} \left(\sum_{i=1}^{I} b_{im} \right) \geqslant N_q, \forall q \in Q \tag{3}$$

$$\sum_{S_{ij} \in S} x_{ij} v_{ij} \leqslant V \tag{4}$$

$$x_{ij}= \begin{cases} 0 & \sum\limits_{m \in S} y_{ijm}= 0 \\ & \\ 1 & \sum\limits_{m \in S} y_{ijm} \geq 1 \end{cases}, \forall S_{ij} \in S \qquad (5)$$

$$b_{im}= \begin{cases} 0 & \sum\limits_{j=1} y_{ijm}= 0 \\ & \\ 1 & \sum\limits_{j=1} y_{ijm} \geq 1 \end{cases}, \forall m \in M, i=1,2,3,\cdots \qquad (6)$$

$$y_{ijm} \in \{0,1\} \qquad (7)$$

式（1）为目标函数，表示最大化科研机构品牌资产的信任度和影响力的综合效果；式（2）为成本约束，它表示邀请参加新闻发布会的媒体机构的总成本应小于或等于科研机构进行科学传播的预算；式（3）为目标受众的覆盖次数约束，它表示受邀请的媒体机构对科研机构进行科学传播的目标受众应该有最小的覆盖次数，目标受众不同，最小覆盖次数不同；式（4）为影响风险约束，它表示科研机构科学传播的素材的风险之和应小于等于既定的阈值V；式（5）、（6）、（7）为决策变量的定义域约束。

算例

本节主要说明模型的计算过程，并对模型计算结果进行分析和讨论，以期对科研机构科学传播策略选择有一定指导和启发。

一、模型输入数据

（1）传播素材及其属性

这里以数学、生命科学、天文学、信息科学学科领域的素材为例。传播素材成果类型包括科技成果、人物（或团队）、技术装备、衍生报道等四类。各个要素对品牌知名度的贡献系数设置上，假设与受众日常关心的健康相关，或影响生活便利性的信息关注度相对高，因此，假设生命科学、信息科学、天文学和数学领域的信息关注度逐个下降。传播素材S_{ij}对科研机构品牌资产模型中的品牌知名度K的作用强度为k_{ij}，如表 6.1 所示。

表 6.1　素材对品牌知名度的贡献系数

k_{ij}	科技成果	人物（或团队）	技术装备	衍生报道
数学	0.5	0.7	0.5	0.5
生命科学	0.9	0.7	0.9	0.8
天文学	0.8	0.7	0.8	0.6
信息科学	0.8	0.7	0.8	0.6

传播素材对美誉度的影响可能存在三种情况，一是正向作用，即增加受众对科研机构的正面评价；二是不产生影响，即受众对结果不加评论，既不增加也不减少对科研机构的正面评价；三是减少对科研机构的正面

评价,即降低美誉度,这里将其称为可能产生负面影响的风险。

对于第一种对美誉度加分的作用关系,假设在数学这种基础学科领域的科技成果,以及影响生活便利性的信息科学领域的科技成果对美誉度的贡献度稍显优势。设置传播素材S_{ij}对科研机构品牌资产模型中的品牌美誉度R的作用强度r_{ij}如表6.2所示。

表6.2　素材对品牌美誉度贡献系数

r_{ij}	科技成果	人物（或团队）	技术装备	衍生报道
数学	0.8	0.7	0.8	0.6
生命科学	0.7	0.7	0.7	0.9
天文学	0.7	0.7	0.7	0.7
信息科学	0.8	0.7	0.8	0.8

对于传播素材S_{ij}可能造成负面影响的风险值v_{ij},可能来自如下几个方面:一是可能触及科研道德伦理或动物福利等层面的学术成果,例如科研团队在实验过程中使用了实验动物,但是没有按照相关规定,受到同行或社会的质疑等。二是投入产出的差距可能引起的质疑。例如,大科学装置的建设需要投入巨额资金,但大科学装置并不直接产生经济效益,是为了重大的科学发现而建立的必要的研究基础设施,其效益可能要经过很长时间才会显现。近两年出现的一个非常典型的例子就是网络上出现的科学家论战——"超级对撞机之争"。以中国科学院高能物理研究所王贻芳牵头的科研团队,已经完成了超级对撞机的概念设计,希望能抓住高能物理发展的窗口期,在中国建设一台世界一流的可用于高能粒子研究的超级对撞机,以期获得物理学领域的重大突破。但是以杨振宁院士为代表的部分科学家则指出,当前花费数百亿元巨额资金建设这一大装置没有必要,不仅工程建设方案可行性不确定,而且还会挤占其他科研领域的经费投入额度。直到今天,科学共同体内部的争论还在进行。三是

理解素材的真正意义需要以大量学科知识为支撑，而普通受众不具备相关知识储备，如果媒体制作内容不到位，反而会引起受众误解，给科研机构带来负面影响。比如近年来报道较多的量子力学研究成果，由于量子力学和受众更为熟悉的经典力学完全不同，媒体在传播过程中如果不加以科普和准确解读，就很容易使相关内容被误读。甚至有一些自媒体和商家也借量子力学之名，推出量子治病、量子保健等产品或服务，对科研机构的学术研究造成了负面影响。

结合第五章案例分析的结果，公众对生命科学领域的体细胞克隆猴案例的支持率低于作为大科学装置的FAST，且引起受众担忧率相对较高，假设生命科学领域的成果的风险值略高于其他三个领域。设置素材风险值如表 6.3 所示，在科学传播的过程中，应该保证所有传播素材的风险值之和 V 不大于 12。

表 6.3　素材风险值

v_{ij}	科技成果	人物（或团队）	技术装备	衍生报道
数学	2	1	2	1
生命科学	7	2	6	4
天文学	4	1	4	3
信息科学	4	3	4	3

根据第四章中建立的品牌资产五维关系模型，可以得到品牌知名度对品牌信任度的贡献系数w为

$T=[(0.036+0.381 \times 0.018+0.318 \times 1.077 \times 0.066) \times 0.177+0.381 \times$

$0.556+0.381 \times 1.077 \times 0.096] \times K$

$=0.265K$

即 $w_1=0.265$

品牌美誉度R对品牌信任度T的贡献系数w为

$T=[(0.018+1.077 \times 0.066) \times 0.177+0.556+1.077 \times 0.096] \times R$

$=0.675R$

即 $w_2=0.675$

（2）候选媒体机构及其属性

根据《网络传播》杂志发布的 2017 年《中国新闻网站传播力排行榜》与工信部发布的 2017 年《中国网络媒体机构公信力调查报告》中的媒体机构排名,选定新华社、人民日报、中央电视台、中央人民广播电台、中国网、中新社与凤凰新媒体机构作为媒体机构候选集合。

对每家媒体机构进行科学传播的主要渠道如表 6.4 所示。

表 6.4 媒体机构的主要渠道列表

媒体机构	新华社	人民日报	中央电视台	中央人民广播电台	中国网	中新社	凤凰新媒体机构
主要渠道	微信公众号、网页	微信公众号、网页	微博、电视	广播电台	手机App	微博	微博、网页

使用第五章中案例调研问卷结果,按照职业不同,将公众划分为公务员、事业单位员工(不包含相关单位的科研人员和教师)、国有企业员工、私有企业员工、外资企业员工、科研机构人员、教师、农民(农民工)、学生和其他职业者 10 个类型,对公众类型与公众了解克隆猴的渠道进行关联度分析。若支持度大于 1%,置信度大于 25%,则认为该类公众是该渠道的主要受众。通过关联分析,可得到各传播渠道的主要受众如表 6.5 所示。

表 6.5 传播渠道的主要受众统计表

传播渠道	受众
微信公众号	公务员、科研机构人员、教师、学生
微信朋友圈	公务员、国有企业员工、私有企业员工、科研机构人员、教师、学生
微博	公务员、学生
网页	公务员、事业单位员工、国有企业员工、私有企业员工、学生、其他职业者

续表

传播渠道	受众
手机App	无
电视	公务员、事业单位员工*、国有企业员工
报纸	无
广播电台	无
身边人	无
其他渠道	公务员

*注：本研究被试人员中的事业单位不包含相关单位的科研人员和教师。

将媒体机构主要传播渠道的受众视为该媒体机构的主要受众，则媒体机构主要受众如表 6.6 所示。

表 6.6　媒体机构的主要受众类型统计表

媒体机构	主要受众类型
新华社	公务员、事业单位员工*、国有企业员工、私有企业员工、科研机构人员、教师、学生、其他职业者
人民日报	公务员、事业单位员工*、国有企业员工、私有企业员工、科研机构人员、教师、学生、其他职业者
中央电视台	公务员、事业单位员工、国有企业员工、学生
中央人民广播电台	无
中国网	无
中新社	公务员、学生
凤凰新媒体	公务员、事业单位员工、国有企业员工、私有企业员工、学生、其他职业者

*注：本研究被试人员中的事业单位不包含相关单位的科研人员和教师。

不同媒体机构的传播渠道不同，使用的内容题材也不同，因此，不同媒体宣传不同素材的影响力也有差异。例如有电视媒体的中央电视台，在展现科研人物、讲述科研故事等方面会有其天然的媒体优势。此外，学科领域自身特征也会有所影响，例如数学的成果相对于生命科学的成果，更加抽象、晦涩。基于以上考虑，设定媒体机构 m 传播素材 S_{ij} 的影响力指数 I_{ijm}，如表 6.7 至表 6.13 所示。

表 6.7　新华社的素材影响力指数

	科技成果	人物（或团队）	技术装备	衍生报道
数学	5	1	2	5
生命科学	7	2	5	7
天文学	4	4	5	5
信息科学	7	3	6	6

表 6.8　人民日报的素材影响力指数

	科技成果	人物（或团队）	技术装备	衍生报道
数学	4	2	2	7
生命科学	4	3	2	6
天文学	6	4	1	7
信息科学	4	1	3	9

表 6.9　中央电视台的素材影响力指数

	科技成果	人物（或团队）	技术装备	衍生报道
数学	5	5	2	1
生命科学	6	8	4	2
天文学	8	9	8	3
信息科学	6	6	4	3

表 6.10　中央人民广播电台的素材影响力指数

	科技成果	人物（或团队）	技术装备	衍生报道
数学	2	1	2	4
生命科学	5	2	2	5
天文学	4	1	3	4
信息科学	4	1	1	4

表 6.11　中国网的素材影响力指数

	科技成果	人物（或团队）	技术装备	衍生报道
数学	3	1	2	4
生命科学	5	2	5	4
天文学	4	1	4	3
信息科学	4	3	4	3

表 6.12 中新社的素材影响力指数

	科技成果	人物（或团队）	技术装备	衍生报道
数学	5	1	2	1
生命科学	7	2	6	4
天文学	6	1	4	3
信息科学	8	3	4	3

表 6.13 凤凰新媒体的素材影响力指数

	科技成果	人物（或团队）	技术装备	衍生报道
数学	5	1	2	1
生命科学	7	2	3	2
天文学	5	1	4	2
信息科学	6	3	4	4

科研机构进行新闻传播的预算为 12 万元,邀请不同媒体机构的成本如表 6.14 所示。

表 6.14 邀请媒体机构的成本表

媒体机构	新华社	人民日报	中央电视台	中央人民广播电台	中国网	中新社	凤凰新媒体
成本（万元）	2	1	2	1	1	1	1

（3）科学传播的其他属性

假设科研机构本次策划的科学传播方案,其目标受众主要为:公务员、事业单位员工（不包含相关单位的科研人员和教师）、国有企业员工、科研机构人员、学生。这些目标受众的最少覆盖次数分别为:6、3、3、2、4。其中,科研机构希望通过这些宣传,增加公务员对科研机构的了解,提升美誉度;增加国有企业员工对科研机构的认识,使其了解科研机构也有丰富的科技成果可以转化为实际生产力,有能力解决生产实践中的难题;希望广大青年学子感受科研工作的意义和魅力,投身科研工作,为我国的科技创新贡献力量。

二、计算结果

计算得到,最后选择的传播策略如表 6.15 所示,目标函数最大值为 80.605。

表 6.15　最佳传播策略

邀请的媒体机构	宣传的科研领域	宣传的素材类型
新华社	信息科学	科技成果、技术装备、衍生报道
人民日报	天文学	人物(或团队)
	信息科学	科技成果、技术装备、衍生报道
中央电视台	天文学	人物(或团队)
	信息科学	科技成果、技术装备、衍生报道
中央人民广播电台	信息科学	科技成果、技术装备、衍生报道
中国网	信息科学	科技成果、技术装备、衍生报道
中新社	信息科学	科技成果、技术装备、衍生报道
凤凰新媒体	信息科学	科技成果、技术装备、衍生报道

因为预算充足,候选的七家媒体机构均入选,但是策略中建议使用的传播素材上来源于在信息科学领域,素材类型集中在信息科学领域的科技成果、技术装备,及其衍生报道类,主要原因是该类型宣传素材的风险值低。由于设置的风险容忍阈值较低(V=12),生命科学领域素材没有入选。策略中还建议人民日报和中央电视台两家媒体机构,对天文学领域的人物(或团队)素材进行报道,而天文学人物素材的风险值为1,对知名度和美誉度的贡献均较高(0.7),因此入选。如果科研机构要增加入选的素材类型,需要调整风险阈值和预算值。

三、结果讨论

分别改变风险的阈值与预算的值,计算得到信任度最大值与最佳科学传播策略如表 6.16、表 6.17 所示。

表 6.16　不同风险阈值下的最佳科学传播策略（预算为 12 万元）

风险阈值	信任度	邀请的媒体机构	宣传的科研领域	宣传的素材类型
6	50.255	新华社	数学	科技成果、技术装备、衍生报道
		人民日报	天文学	人物（或团队）
			数学	科技成果、技术装备、衍生报道
		中央电视台	天文学	人物（或团队）
			数学	科技成果、技术装备、衍生报道
		中央人民广播电台	数学	科技成果、技术装备、衍生报道
		中国网	数学	科技成果、技术装备、衍生报道
		中新社	数学	科技成果、技术装备、衍生报道
		凤凰新媒体	数学	科技成果、技术装备、衍生报道
12	80.605	新华社	信息科学	科技成果、技术装备、衍生报道
		人民日报	天文学	人物（或团队）
			信息科学	科技成果、技术装备、衍生报道
		中央电视台	天文学	人物（或团队）
			信息科学	科技成果、技术装备、衍生报道
		中央人民广播电台	信息科学	科技成果、技术装备、衍生报道
		中国网	信息科学	科技成果、技术装备、衍生报道
		中新社	信息科学	科技成果、技术装备、衍生报道
		凤凰新媒体	信息科学	科技成果、技术装备、衍生报道
18	102.560	新华社	信息科学	科技成果、技术装备、人物（或团队）、衍生报道
		人民日报	数学	科技成果、人物（或团队）、衍生报道
			信息科学	科技成果、技术装备、人物（或团队）、衍生报道
		中央电视台	信息科学	科技成果、技术装备、人物（或团队）、衍生报道
		中央人民广播电台	信息科学	科技成果、技术装备、人物（或团队）、衍生报道
		中国网	数学	科技成果、技术装备、衍生报道
			信息科学	科技成果、技术装备、人物（或团队）、衍生报道
		中新社	数学	科技成果、技术装备、衍生报道
			信息科学	科技成果、技术装备、人物（或团队）、衍生报道

续表

风险阈值	信任度	邀请的媒体机构	宣传的科研领域	宣传的素材类型
18	102.560	凤凰新媒体	信息科学	科技成果、技术装备、人物（或团队）、衍生报道
24	112.938	人民日报	信息科学	科技成果、技术装备、衍生报道
			天文学	科技成果、技术装备、人物（或团队）、衍生报道
		中央电视台	天文学	科技成果、技术装备、人物（或团队）、衍生报道
		中央人民广播电台	信息科学	科技成果、技术装备、衍生报道
			天文学	科技成果、技术装备、人物（或团队）、衍生报道
		中国网	信息科学	科技成果、技术装备、衍生报道
			天文学	科技成果、技术装备、人物（或团队）、衍生报道
		中新社	信息科学	科技成果、技术装备、衍生报道
			天文学	科技成果、技术装备、人物（或团队）、衍生报道
		凤凰新媒体	信息科学	科技成果、技术装备、衍生报道
			天文学	科技成果、技术装备、人物（或团队）、衍生报道
30	121.71	新华社	生命科学	科技成果、技术装备、人物（或团队）、衍生报道
		人民日报	生命科学	科技成果、技术装备、人物（或团队）、衍生报道
			信息科学	科技成果、技术装备、衍生报道
		中央人民广播电台	生命科学	科技成果、技术装备、人物（或团队）、衍生报道
			信息科学	科技成果、技术装备、衍生报道
		中国网	生命科学	科技成果、技术装备、人物（或团队）、衍生报道
			信息科学	科技成果、技术装备、衍生报道
		中新社	生命科学	科技成果、技术装备、人物（或团队）、衍生报道
			信息科学	科技成果、技术装备、衍生报道
		凤凰新媒体	生命科学	科技成果、技术装备、人物（或团队）、衍生报道
			信息科学	科技成果、技术装备、衍生报道

续表

风险阈值	信任度	邀请的媒体机构	宣传的科研领域	宣传的素材类型
36	129.368	新华社	信息科学	科技成果、技术装备、人物（或团队）、衍生报道
		人民日报	生命科学	科技成果、技术装备、人物（或团队）、衍生报道
			信息科学	科技成果、技术装备、人物（或团队）、衍生报道
		中央人民广播电台	生命科学	科技成果、技术装备、人物（或团队）、衍生报道
			信息科学	科技成果、技术装备、人物（或团队）、衍生报道
		中国网	生命科学	科技成果、技术装备、人物（或团队）、衍生报道
			信息科学	科技成果、技术装备、人物（或团队）、衍生报道
		中新社	生命科学	科技成果、技术装备、人物（或团队）、衍生报道
			信息科学	科技成果、技术装备、人物（或团队）、衍生报道
		凤凰新媒体	生命科学	科技成果、技术装备、人物（或团队）、衍生报道
			信息科学	科技成果、技术装备、人物（或团队）、衍生报道
42	133.36	新华社	信息科学	科技成果、技术装备、人物（或团队）、衍生报道
		人民日报	信息科学	科技成果、技术装备、人物（或团队）、衍生报道
			生命科学	科技成果、技术装备、人物（或团队）、衍生报道
			天文学	科技成果、人物（或团队）、衍生报道
		中央人民广播电台	生命科学	科技成果、技术装备、人物（或团队）、衍生报道
		中国网	生命科学	科技成果、技术装备、人物（或团队）、衍生报道
			信息科学	科技成果、技术装备、人物（或团队）、衍生报道

续表

风险阈值	信任度	邀请的媒体机构	宣传的科研领域	宣传的素材类型
42	133.36	中新社	生命科学	科技成果、技术装备、人物（或团队）、衍生报道
			信息科学	科技成果、技术装备、人物（或团队）、衍生报道
		凤凰新媒体	生命科学	科技成果、技术装备、人物（或团队）、衍生报道
			信息科学	科技成果、技术装备、人物（或团队）、衍生报道
48	136.925	人民日报	信息科学	科技成果、技术装备、人物（或团队）、衍生报道
			生命科学	科技成果、技术装备、人物（或团队）、衍生报道
			天文学	科技成果、技术装备、人物（或团队）、衍生报道
		中央电视台	天文学	科技成果、技术装备、人物（或团队）、衍生报道
		中央人民广播电台	生命科学	科技成果、技术装备、人物（或团队）、衍生报道
		中国网	生命科学	科技成果、技术装备、人物（或团队）、衍生报道
			信息科学	科技成果、技术装备、人物（或团队）、衍生报道
		中新社	生命科学	科技成果、技术装备、人物（或团队）、衍生报道
			信息科学	科技成果、技术装备、人物（或团队）、衍生报道
		凤凰新媒体	生命科学	科技成果、技术装备、人物（或团队）、衍生报道
			信息科学	科技成果、技术装备、人物（或团队）、衍生报道

表6.17　不同预算下的最佳科学传播策略（风险阈值为12）

预算（万元）	信任度	邀请的媒体机构	宣传的科研领域	宣传的素材类型
6	43.393	人民日报	数学	科技成果、技术装备、衍生报道
			信息科学	科技成果、衍生报道
		中新社	数学	科技成果、技术装备、衍生报道
			信息科学	科技成果、衍生报道
		凤凰新媒体	数学	科技成果、技术装备、衍生报道
			信息科学	科技成果、衍生报道
12	80.605	新华社	信息科学	科技成果、技术装备、衍生报道
		人民日报	天文学	人物（或团队）
			信息科学	科技成果、技术装备、衍生报道
		中央电视台	天文学	人物（或团队）
			信息科学	科技成果、技术装备、衍生报道
		中央人民广播电台	信息科学	科技成果、技术装备、衍生报道
		中国网	信息科学	科技成果、技术装备、衍生报道
		中新社	信息科学	科技成果、技术装备、衍生报道
		凤凰新媒体	信息科学	科技成果、技术装备、衍生报道
18	96.905	新华社	数学	科技成果、人物（或团队）、衍生报道
			天文学	科技成果、人物（或团队）、衍生报道
		人民日报	数学	科技成果、人物（或团队）、衍生报道
			天文学	科技成果、人物（或团队）、衍生报道
		中央电视台	数学	科技成果、人物（或团队）、衍生报道
			天文学	科技成果、人物（或团队）、衍生报道
		中央人民广播电台	数学	科技成果、人物（或团队）、衍生报道
			天文学	科技成果、人物（或团队）、衍生报道
		中国网	数学	科技成果、人物（或团队）、衍生报道
			天文学	科技成果、人物（或团队）、衍生报道
		中新社	数学	科技成果、人物（或团队）、衍生报道
			天文学	科技成果、人物（或团队）、衍生报道
		凤凰新媒体	数学	科技成果、人物（或团队）、衍生报道
			天文学	科技成果、人物（或团队）、衍生报道

续表

预算（万元）	信任度	邀请的媒体机构	宣传的科研领域	宣传的素材类型
24	104.275	新华社	数学	科技成果、人物（或团队）、衍生报道
			天文学	人物（或团队）
			信息科学	科技成果、衍生报道
		人民日报	数学	科技成果、人物（或团队）、衍生报道
			天文学	人物（或团队）
			信息科学	科技成果、衍生报道
		中央电视台	数学	科技成果、人物（或团队）、衍生报道
			天文学	人物（或团队）
			信息科学	科技成果、衍生报道
		中央人民广播电台	数学	科技成果、人物（或团队）、衍生报道
			信息科学	科技成果、衍生报道
		中国网	数学	科技成果、人物（或团队）、衍生报道
			天文学	人物（或团队）
			信息科学	科技成果、衍生报道
		中新社	数学	科技成果、人物（或团队）、衍生报道
			信息科学	人物（或团队）
		凤凰新媒体	数学	科技成果、人物（或团队）、衍生报道
			信息科学	科技成果、衍生报道
30	106.27	新华社	数学	科技成果、人物（或团队）、衍生报道
			天文学	人物（或团队）
			信息科学	科技成果、衍生报道
		人民日报	数学	科技成果、人物（或团队）、衍生报道
			天文学	人物（或团队）
			信息科学	科技成果、衍生报道
		中央电视台	数学	科技成果、人物（或团队）、衍生报道
			天文学	人物（或团队）
			信息科学	科技成果、衍生报道
		中央人民广播电台	数学	科技成果、人物（或团队）、衍生报道
			天文学	人物（或团队）
			信息科学	科技成果、衍生报道

续表

预算（万元）	信任度	邀请的媒体机构	宣传的科研领域	宣传的素材类型
30	106.27	中国网	数学	科技成果、人物（或团队）、衍生报道
			天文学	人物（或团队）
			信息科学	科技成果、衍生报道
		中新社	数学	科技成果、人物（或团队）、衍生报道
			天文学	人物（或团队）
			信息科学	科技成果、衍生报道
		凤凰新媒体	数学	科技成果、人物（或团队）、衍生报道
			天文学	人物（或团队）
			信息科学	科技成果、衍生报道
36	106.27	新华社	数学	科技成果、人物（或团队）、衍生报道
			天文学	人物（或团队）
			信息科学	科技成果、衍生报道
		人民日报	数学	科技成果、人物（或团队）、衍生报道
			天文学	人物（或团队）
			信息科学	科技成果、衍生报道
		中央电视台	数学	科技成果、人物（或团队）、衍生报道
			天文学	人物（或团队）
			信息科学	科技成果、衍生报道
		中央人民广播电台	数学	科技成果、人物（或团队）、衍生报道
			天文学	人物（或团队）
			信息科学	科技成果、衍生报道
		中国网	数学	科技成果、人物（或团队）、衍生报道
			天文学	人物（或团队）
			信息科学	科技成果、衍生报道
		中新社	数学	科技成果、人物（或团队）、衍生报道
			天文学	人物（或团队）
			信息科学	科技成果、衍生报道
		凤凰新媒体	数学	科技成果、人物（或团队）、衍生报道
			天文学	人物（或团队）
			信息科学	科技成果、衍生报道

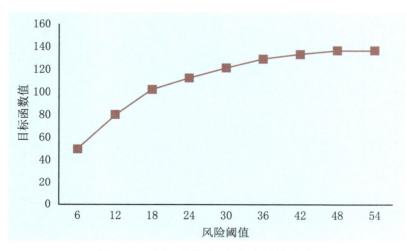

图 6.2　目标函数值随风险阈值变化

图 6.2 显示,在预算确定的情况下,风险容忍度的阈值增加,入选的素材类型会增加,目标函数值增加。该案例中,生命科学领域的风险值加大,因此,当风险阈值增加到 30 时,该领域素材入选。

此外,随着风险阈值变大,目标函数值增加变缓,可见存在一个风险阈值拐点。到达该拐点后,目标函数增加速度由快变缓,由图可知,该案例中风险阈值 18 为拐点。

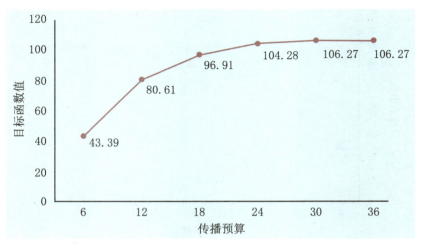

图 6.3　目标函数值随传播预算增加的变化

如图 6.3 所示，当风险阈值固定不变，预算在 6 万元时，入选的媒体机构只有 3 家。随着预算增加，入选媒体机构增加，同时目标函数值增加，但是增速变缓。当增加到 24 万元之后，再增加预算，目标函数值基本不增加，表明当风险容忍的阈值固定后，存在一个预算值，使得科学传播的综合贡献度达到最大。换句话说，当科学传播经费充足时，风险阈值约束效应比较明显，高风险的素材的入选受限。

第五节
对科学传播工作的启示

对于我国的科研机构和传媒机构而言,科学传播是新兴事物,目前处于探索阶段。科研机构选择科学传播策略时需要注意以下几点:

1.并非所有的科技成果都适合作为科学传播素材。根据科学传播作用机制模型,科学传播的目的是让受众产生对科研机构的正面认识,增加品牌信任度,鼓励受众在未来可能的活动中,采取相应的行为来支持科研机构的发展。因此,当一项成果的理解要受众有深厚的知识积累,而普通受众并不具备这个条件时,那就失去了传播该成果的价值和意义。

2.要选择那些对品牌知名度和美誉度影响程度大,同时产生负面影响风险小的素材,开展科学传播。科学传播过程受到多种因素影响,传播素材的选择是关键,科研机构不仅要看到科学传播的正面作用,也要小心科学传播带来的负面影响。

3.在科学传播经费充足的情况下,并非入选的科学传播素材越多,传播效果就会越好。科研机构在科学传播策略制定过程中要有一定的经济意识。当预算充足时,可以选取更多的科学传播素材,可以多请几家传播媒体机构,科学传播对品牌知名度、美誉度以及信任度的贡献程度随着预算的增加而增加,但当预算增加到一定程度时,传播效果放大、速度放缓,可以停止增加预算。

4.科学传播策略选择是一个多目标权衡下的选择结果。科研机构既要追求对品牌知名度、品牌美誉度、品牌信任度的正向作用,又要防控风险，还要注意科学传播策略的经济性，同时还要关注传播范围是否覆盖目标受众群体。因此，不同时期下，科研机构的科学传播策略选择要有侧重点，例如，当科研机构处于成长期时，更关注的是品牌建立，可以适度放开风险阈值，增加投入；当科研机构已经有良好的品牌知名度、美誉度和信任度时，传播策略要采取适度保守原则。

结　语

书中借鉴经典品牌资产理论,对比分析了科研机构与企业在活动内容、活动规律、活动目的以及客户群体、客户关系、品牌作用等方面的区别,将科研机构品牌资产定义为"能够让社会公众感知的由科研机构的名称、标识设计等特征所带来的,能够增加并提升其整体形象和社会效益以及经济效益的,并能为科研机构带来可持续发展的、差异化的竞争优势及其高附加价值的无形资产之和"。具体包括品牌知名度、品牌美誉度、品牌联想度、感知实力,以及品牌信任度五个维度。

结合品牌资产理论,通过科研机构与大众媒体的科学传播实践,建立内嵌品牌资产理论的科研机构科学传播作用机制模型。该模型刻画了科研机构科学传播的各个环节和要素,传播素材包括科学成果、科学技术、专家等有形素材和科学态度、科学精神等无形素材,传播途径包括大众传播和定向传播两种渠道,传播对象为公众、政府、企业、科学共同体等四类群体。受众接收到相关信息,改变对科研机构的品牌认识,进而也会影响自身行为,公众行为和特定群体的行为之间会相互作用,而政府、企业、科学共同体等特定受众的行为将会对科研机构的发展产生直接影响。同时,科研机构也将根据受众的反馈调整传播策略,进一步提升科研机构的品牌影响力。

基于"刺激-有机体-反应"构建的科研机构品牌资产五维关系模型,反映了科学传播对受众从认知层面到情感层面的作用机制及其对科研机构品牌资产的影响,探究了受众决策行为发生的过程。对科研机构品牌资产认知与品牌信任度之间的关系进行了实证研究,利用问卷调研方法,收集受众数据,运用结构方程模型,建立科研机构品牌资产五维关系模型。实证结果显示,以中国科学院为代表的科研机构品牌知名度、品牌美誉度和品牌联想度对品牌感知实力有着显著的正向影响;品牌知名度对品牌美誉度以及品牌美誉度对品牌联想度也发挥着积极的正向作用。通过逐步回归分析，得出品牌感知实力在品牌知名度与品牌信任度之间发挥完全中介作用的结论。

本书构建了内嵌品牌资产理论的科学传播作用机制模型，并对科学传播过程中品牌知名度、品牌美誉度、品牌联想度、感知实力和品牌信任度产生的过程，以及各个要素之间的相互作用路径和作用强度大小进行分析，这些内容对科学传播工作具有一定启示作用：科学传播可以直接提高科研机构的知名度，但是并不能直接提升受众的品牌信任度，因此要警惕科学传播可能产生的负面影响；要选择合适的科学传播素材，注重对品牌美誉度的提升效果；要注重对人物事迹、科研成果的深度解读，提升品牌美誉度的同时提升品牌联想度；此外，在科学传播的形式上，需要重视交互作用，可以采用多种形式助力提升品牌感知实力，从而增强受众对科研机构的品牌信任度。

接下来，本书以中国科学院战略性先导科技专项和大科学装置——"中国天眼"FAST和世界首例体细胞克隆猴为研究案例，针对特定案例从传播素材、传播渠道、受众特征等方面研究了科学传播手段对科研机构品牌资产的提升机制。研究结果显示，传播素材类型会影响提升品牌知名度的效果，即需要更多专业知识辅以理解的科学传播内容会影响不同受众对品牌的认知情况；同时女性更关注生活相关性高的素材；网页、电视、微信朋友圈、微信公众号是排名前四的主流传播渠道；职业、年龄、知识水平、性别等均会影响受众的认知水平；后续报道对受众进一步认识科学传播内容起到重要作用；等等。

最后，研究从科学素材所在科研领域与素材形式两个维度出发，定义了科学传播类型，分析了不同类型素材对品牌知名度与品牌美誉度的贡献系数,以及可能造成的负面影响的风险值,梳理了传播媒体机构的影响力属性、传播媒体的成本属性,以及面向的主要受众群体属性。当科研机构确定了重点目标受众类型与传播总体预算、风险阈值后,以对科研机构品牌资产中的品牌信任度贡献之和最大化为目标,选择相应类型素材和传播素材的媒体机构,制定最优传播策略,满足科学传播对目标受众群体的覆盖要求,且不超过科学传播总预算。计算结果表明,科研机构应尽量选择那些对品牌知名度和美誉度影响程度大,同时产生负面影响风险小的素材,开展科学传播;并非科学传播经费充足,入选的科学传播素材越多,传播效果越好,科研机构要做到对科学传播目标的权衡,根据发展阶段不同以及外部环境变化适时调整方案。

根据这些研究结果,笔者得出一些关于科学传播工作的建议:

1. 建议科研机构树立品牌形象,围绕品牌形象定位开展科学传播工作

科学传播作用于科研机构品牌资产建设相关机制的模型表明,科学传播的主要目标是影响受众的行为,让更多的受众信任和支持科研机构。而在科研机构与大众之间建立良性互动关系,需先在公众心目中建立良好的品牌形象。科研机构在公众中要有一定的知名度、美誉度、联想度、感知实力以及信任度,才能稳定地影响大众对科研机构正向的理解和支持,形成良性互动。而科学传播的作用就是正面强化科研机构在公众心目中的品牌形象,不断提升或维持科研机构的知名度、美誉度、联想度以及信任度。因此,科研机构的品牌形象定位明确,科学传播工作才可能有的放矢。

2.建议科研机构建立科学传播统筹策划机制,从选材到受众反馈进行全方位管理。

科学传播并非"把想说的说出去"那么简单,传播出去的内容不但要让大众理解,而且要取得预期效果,要有利于提升品牌资产。因此,科研机构要围绕科研机构的品牌定位做好长期科学传播规划,并将规划进一步分解到年度目标和年度计划,最终落实到每个具体的传播案例,让每个传播案例之间相互支撑、全面塑造科研机构品牌形象,最终产生一加一大于二的综合效应。具体实施过程中,科研机构还要建立从素材选择、渠道选择、受众认知、受众行为反馈等全面管理机制。从理念到行动,全面夯实科学传播效果。

3.建议科研机构全面客观认识科学传播的正负双面影响,做好形象风险防控机制和危机应对机制。

科研机构在通过科学传播促进科研机构品牌资产不断成长的同时,必须正视科学传播的另一面,即针对科研机构品牌产生负面影响的风险,做好危机预防与应对准备,重点要从传播素材、传播渠道、受众知识背景、受众反馈等方面识别风险,建立风险识别评价机制,提前设计应急预案。

希望本书能够帮助类似中国科学院这样的科研机构更好地完成自身的品牌建设,深入地挖掘科学传播的价值,充分发挥科学传播机制的优势,为社会和公众做出更大贡献。

参考文献

T.W. 伯恩斯，D.J. 奥康纳，S.M. 斯托克麦耶. 2007. 科学传播的一种当代定义[J]. 李曦，译. 科普研究，(6): 19–33.

褚建勋,陆阳丽. 2013. 微博的科学传播机制和策略分析[J]. 今传媒，(8): 13–14.

丹尼斯·麦奎尔. 2006. 麦奎尔大众传播原理[M]. 北京: 清华大学出版社.

董雅丽,陈怀超. 2006. 基于顾客忠诚的品牌资产提升模型[J]. 软科学，20(6): 22–26.

杜志刚,王军. 2015. 国外科学传播实证研究综述: 内容、框架与范式[J]. 自然辩证法通讯，37(3): 110–116.

高琴琴. 2013. 张家界天门山旅游品牌传播策略研究[D]. 湖南: 湘潭大学.

郭永新,王高,齐二石. 2007. 品牌,价格和促销对市场份额影响的模型研究[J]. 管理科学学报，10(2): 59–65.

何德珍. 2012. 巧用民族文化塑造城市形象——广西城市品牌形象传播研究[J]. 新闻界，(7): 35–38.

华文. 2003. 媒介影响力经济探析[J]. 国际新闻界，(1): 78–83.

黄柘. 2006. "绿色收视率"——满意度与收视率的融合[J]. 新闻战线,(9): 80–82.

金兼斌,江苏佳,陈安繁,沈阳. 2017. 新媒体平台上的科学传播效果: 基于微信公众号的研究[J].中国地质大学学报:社会科学版，17(2)：107–119.

康庄,石静.2011.品牌资产、品牌认知与消费者品牌信任关系实证研究[J].华东经济管理，25(3)：99–103.

李龙.2011.新媒体语境下的旅游目的地品牌传播路径构建[J].经济研究导刊，(35)：91–92.

李逸,买忆媛.2016.新创企业的品牌资产提升：广告投入还是研发投入?[J].管理工程学报，30(3)：81–89.

李玉艳,钱军.2016.图书馆微信公众号的传播策略[J].图书馆工作与研究，(02)：95–97.

李正伟,刘兵.2003.公众理解科学的理论研究:约翰·杜兰特的缺失模型[J].科学与社会，(3)：12–15.

李忠宽.2003.品牌形象的整合传播策略[J].管理科学，16(2)：63–66.

林慧.2008.高校品牌资产管理及增值途径[J].山西财经大学学报，(s1)：38–50.

刘兵,宗棕.2013.国外科学传播理论的类型及述评[J].高等建筑教育，(03)：142–146.

刘德昌,付勇.2006.我国旅游景区品牌传播策略初探[J].西南民族大学学报（人文社科版），27(9)：173–176.

刘华杰.2009.科学传播的三种模型与三个阶段[J].科普研究，4(02)：10–18.

刘华杰.2007.科学传播的四个典型模型[J].博览群书，(10)：33–36.

刘华杰.2002.整合两大传统：兼谈我们所理解的科学传播[J].南京社会科学，(10)：15–20.

刘建堤.2012.品牌定义与品牌资产理论研究文献综述[J].经济研究导刊，(31)：195–199.

刘京林.2005.大众传播心理学[M].北京:北京广播学院出版社.

罗红.2011.让科学走出象牙塔——浅析松鼠会的科学传播策略[J].新闻记者，(5)：37–40.

马宝龙,邹振兴,王高,步晶晶,孙瑛.2015.基于顾客感知的品牌资产指数构建与行业分析[J]. 管理科学学报，(2)：36–49.

马红岩. 2014. 基于内容营销的微信传播效果研究[J]. 商业研究，(11)：122–129.

帅俊全，祁明亮，刘顺通，孙月茹. 2019. 基于品牌资产理论的科学传播整合模型研究[J]. 电子科技大学学报（社科版），21(6)：44–49.

帅俊全. 2018a. "顶天立地" 2018 年两会报道手记[J]. 新闻与写作，(04)：85–87.

帅俊全. 2018b. 迎接新时代 "科学的春天" 加速迈向世界科技强国——2018 年全国两会科技观察与思考[J]. 中国科学院院刊，33(04)：447–453.

宋昕月. 2017. 基于网络媒体的公众参与科学传播模型[J]. 今传媒（学术版),(7)：53–55.

汤书昆，徐雁龙，李宪奇. 2017. 国立科研机构形象资产管理体系的规划与思考[J]. 中国科学院院刊，32(6)：618–625.

沃纳，赛佛林，郭镇之. 2000. 传播理论: 起源，方法与应用[M]. 北京：华夏出版社.

吴玉兰，张祝彬. 2013.《经济日报》传播影响力发生机制及提升策略研究[J]. 新闻界，(8)：34–37.

肖丽妍，齐佳音. 2013. 基于微博的企业网络舆情社会影响力评价研究[J]. 情报杂志，32(5)：7.

谢长海. 2015. 步步为赢: 三步创建强势品牌[M]. 上海：上海社会科学院出版社.

徐鹏，赵军. 2007. 产业集群的区域品牌资产增值研究[J]. 中国科技论坛，(08)：40–43.

许慧珍. 2017. 视觉呈现与移动端用户满意度——基于SOR 模型的实证研究[J]. 中国流通经济，31(8)：97–104.

许衍凤，范秀成. 2017. 品牌形象构建与传播策略探析——从科技期刊的角度审视[J]. 出版发行研究，(02)：65–68.

许正良，古安伟. 2011. 基于关系视角的品牌资产驱动模型研究[J]. 中国工业经济，(10)：109–118.

薛可，左雨萌. 2011. 新媒体语境下非营利组织形象评估模型构建——以 "牵手上海" 为例[J]. 同济大学学报(社会科学版)，22(005)：48–53.

俞虹. 2004. 分众时代电视社会影响力分析[J]. 中国广播电视学刊，(1)：53—54.

翟杰全, 杨志坚. 2002. 对"科学传播"概念的若干分析[J]. 北京理工大学学报(社会科学版)，4(3)：86—90.

张峰. 2011. 基于顾客的品牌资产构成研究述评与模型重构[J]. 管理学报，8(4)：552—576.

张景云, 王勇, 冯利敏. 2013. 雇主品牌评估模型及运用——联想度的纳入及综合评估模型的修正[J]. 北京工商大学学报: 社会科学版，(01)：64—69.

张冉. 2013. 国外非营利组织品牌研究述评与展望[J]. 外国经济与管理，35(11)：60—69.

张莹, 孙明贵. 2010. 中华老字号品牌资产增值——一个创新与怀旧契合的案例分析[J]. 当代经济管理，32(4)：21—25.

郑丽勇, 郑丹妮, 赵纯. 2010. 媒介影响力评价指标体系研究[J]. 新闻大学，(1)：121—126.

中国科学院. 1986. 中国科学院科学技术研究成果管理办法[J]. 中国科学院院刊，1986(3)：283—285.

周鸿铎. 2004. 传播效果研究的两种基本方法及其相互关系(上)[J]. 现代传播，(03)：12—18.

朱巧燕. 2015. 国际科学传播研究: 立场、范式与学术路径[J]. 新闻与传播研究，(6)：78—92.

AAKER D A, KELLER K L. 1990. Consumer evaluations of brand extensions[J]. The Journal of marketing, 54(1)：27—41.

AAKER D A. 2012. Building strong brands[M]. USA：Simon and Schuster.

AAKER D A. 1996. Measuring brand equity across products and markets[J]. California management review, 38(3)：102—120.

AAKER D A. 1992. The value of brand equity[J]. Journal of business strategy, 13(4)：27—32.

AAKER D A. 1991. Managing Brand Equity: Capitalisation on the Value of a Brand

Name[M]. New York : The Free Press.

AILAWADI K L, LEHMANN D R, NESLIN S A. 2003. Revenue premium as an outcome measure of brand equity[J]. Journal of Marketing, 67(4) : 1–17.

ANDREI A G, ZAIT A, WATERMAN E–M, et al. 2017. Word–of–mouth generation and brand communication strategy: Findings from an experimental study explored with PLS–SEM[J]. Industrial Management & Data Systems, 117(3) : 478–495.

APAYDIN F. 2011. A proposed model of antecedents and outcomes of brand orientation for nonprofit sector[J]. Asian Social Science, 7(9) : 194–202.

BAUER M W, ALLUM N, MILLER S. 2007. What can we learn from 25 years of PUS survey research? Liberating and expanding the agenda[J]. Public Understanding of Science, 16(1) : 79–95.

BIEL A L. 1992. How Brand Image Drives Brand Equity[J]. Journal of Advertising Research, 32(6) : 6–12.

BOSC J. 2002. Brands: They need to work just as hard as you do![J]. Nonprofit World, 20(1) : 29–30.

BOWATER L, YEOMAN K. 2012. Science communication: a practical guide for scientists[M]. USA: Wiley–Blackwell.

BREWER P R, LEY B L. 2011. Multiple exposures: Scientific controversy, the media, and public responses to Bisphenol A[J]. Science communication, 33(1) : 76–97.

BULTITUDE K. 2009. Global Science Events Survey 2008: Preliminary Findings[R]. Paper presented at the Science Events Association Conference, 18 May.

CALLON M, LASCOUMES P, BARTHE Y. 2009. Acting in an uncertain world: An essay on technical democracy (Inside technology)[M]. USA: MIT Press Cambridge.

CONNOR M, SIEGRIST M. 2010. Factors influencing people's acceptance of gene technology: The role of knowledge, health expectations, naturalness, and social trust[J]. Science communication, 32(4): 514—538.

DIJKSTRA A M, GUTTELING J M. 2012. Communicative aspects of the public—science relationship explored: Results of focus group discussions about biotechnology and genomics[J]. Science communication, 34(3): 363—391.

DOUGLAS M, WILDAVSKY A. 1983. Risk and culture: An essay on the selection of technological and environmental dangers[M]. USA: Univ of California Press.

RENN O. 1998. Three decades of risk research: accomplishments and new challenges[J]. Journal of risk research, 1(1): 49—71.

DUPAGNE M, GARRISON B. 2006. The meaning and influence of convergence: A qualitative case study of newsroom work at the Tampa News Center[J]. Journalism Studies, 7(2): 237—255.

DURANT J R, EVANS G A, THOMAS G P. 1989. The public understanding of science[J]. Nature, 340(6): 11—14.

FAIRCLOTH J B. 2005. Factors influencing nonprofit resource provider support decisions: Applying the brand equity concept to nonprofits[J]. Journal of marketing theory and practice, 13(3): 1—15.

HAEMOON O. 2000. Diners' perceptions of quality, value, and satisfaction: A practical viewpoint[J]. The Cornell Hotel and Restaurant Administration Quarterly, 41(3): 58—55.

HALLMAN W K, HEBDEN W C, AQUINO H L, et al. 2003. Public perceptions of genetically modified foods: A national study of American knowledge and opinion[R]. Food Policy Institute, Cook College, Rutgers.

HANKINSON P. 2004. The internal brand in leading UK charities[J]. Journal of Product & Brand Management, 13(2): 84—93.

HEILMAN C M, BOWMAN D, WRIGHT G P. 2000. The evolution of brand preferences and choice behaviors of consumers new to a market[J]. Journal of marketing research, 37(2): 139−155.

JUDD N. 2004. On branding: building and maintaining your organization's brand in an AMC[J]. Association Management, 56(7): 17−19.

KELLER K L, PARAMESWARAN M, JACOB I. 2011. Strategic brand management: Building, measuring, and managing brand equity[M]. Pearson Education India.

KELLER K L. 2001. Building customer−based brand equity: A blueprint for creating strong brands[M]. Cambridge, MA.

KELLER K L. 1993. Conceptualizing, measuring, and managing customer−based brand equity[J]. Journal of Marketing, 57(1): 1−22.

KWUN J−W, OH H. 2004. Effects of brand, price, and risk on customers' value perceptions and behavioral intentions in the restaurant industry[J]. Journal of Hospitality & Leisure Marketing, 11(1): 31−49.

LAIDLER−KYLANDER N, SIMONIN B L. 2009. How International Nonprofits Build Brand Equity[J]. International Journal of Nonprofit and Voluntary Sector Marketing, 14(1): 57−69.

NATHALIE KYLANDER, CHRISTOPHER STONE. 2012. The Role of Brand in the Nonprofit Sector[J]. Standford Social Innovation Rewiew, 10(2): 37−41.

PEDERSEN HELENE H. 2019. Two strategies for building a personal vote: Personalized representation in the UK and Denmark[J]. Electoral Studies, 59: 17−26.

RITCHIE R J, SWAMI S, WEINBERG C B. 1999. A brand new world for nonprofits[J]. International Journal of Nonprofit and Voluntary Sector Marketing, 4(1): 26−42.

ROSENBAUM—ELLIOTT R, PERCY L, PERVAN S. 2015. Strategic brand management[M]. USA, Oxford University Press.

SANDEN, M C, MEIJMAN F J . 2008. Dialogue guides awareness and understanding of science: an essay on different goals of dialogue leading to different science communication approaches[J]. Public Understanding of Science, 17(1), 89—103.

SARGEANT A, HUDSON J, WEST D C. 2008. Conceptualizing brand values in the charity sector: the relationship between sector, cause and organization[J]. The Service Industries Journal, 28(5) : 615—632.

SCHULTZ D E, BARNES B E. 1999. Strategic brand communication campaigns[M]. NTC Business Books Lincolnwood.

SELNES F. 1993. An examination of the effect of product performance on brand reputation, satisfaction and loyalty[J]. European Journal of Marketing, 27(9) : 19—35.

SIRGY M J. 1998. Integrated marketing communications: A systems Approach[M]. USA: Prentice Hall.

SIRIANNI N J, BITNER M J, BROWN S W, et al. 2013. Branded service encounters: Strategically aligning employee behavior with the brand positioning[J]. Journal of Marketing, 77(6):108—123.

SRIVASTAVA R K, SHOCKER A D. 1991. Brand equity: a perspective on its meaning and measurement[R]. Cambridge, MA: Marketing Science Institute.

TAPP A. 1996. Charity brands: A qualitative study of current practice[J]. International Journal of Nonprofit and Voluntary Sector Marketing, 1(4) : 327—336.

TETLOCK P E. 2002. Social functionalist frameworks for judgment and choice: intuitive politicians, theologians, and prosecutors[J]. Psychological review, 109(3) : 451.

VAN DER SANDEN M C, MEIJMAN F J. 2008. Dialogue guides awareness and understanding of science: an essay on different goals of dialogue leading to different science communication Approaches[J]. Public Understanding of Science, 17(1) : 89−103.

WATERMAN A T. 1959. Scientists and Writers Discuss Public Misconceptions of the Nature of Basic Research[J]. Science, 130(33):1464−1465.

WHAN PARK C, MACINNIS D J, PRIESTER J, et al. 2010. Brand attachment and brand attitude strength: Conceptual and empirical differentiation of two critical brand equity drivers[J]. Journal of Marketing, 74(6):1−17.

YIN WONG H, MERRILEES B. 2005. A brand orientation typology for SMEs: a case research Approach[J]. Journal of Product &. Brand Management, 14(3):155−162.

YOO B, DONTHU N. 2001. Developing and validating a multidimensional consumer−based brand equity scale[J]. Journal of Business Research, 52(1) : 1−14.

附　录

科学传播案例调研问卷主要问题

您的性别?

□男　　　□女

您的年龄?

□ 15 岁以下　　　□ 16—20 岁　　　□ 21—25 岁

□ 26—30 岁　　　□ 31—35 岁　　　□ 36—40 岁

□ 40—50 岁　　　□ 51—60 岁　　　□ 60 岁以上

您的受教育程度?

□初中及以下　　□高中和大专　　□本科　　□硕士及以上

您的职业?

□公务员　　　□国有企业员工　　　□事业单位员工

□私有企业员工　　　□外资企业员工　　　□科研机构人员

□教师　　□农民（农民工）　　□学生　　□其他

您知道以下哪些是中国科学院的成果吗？

□高铁　　　□FAST　　　□国产大飞机

您身边的人了解FAST吗？

□很了解　　　□一般了解　　　□不很了解　　　□完全不了解

□不太清楚他们是否了解

您通过哪些渠道了解FAST相关新闻？

□微信公众号　□微信朋友圈　　　□微博　　　□网页　　　□手机App

□电视　　　□报纸　　　□广播电台　　　□身边的人　　　□其他

您看到FAST相关新闻后采取的行动？

□浏览/收看/收听新闻　　　□浏览评论　　　□点赞　　　□评论

□转发　　　□转发并发表自己的观点　　　□与朋友讨论

□只看标题，没浏览内容

您第一次看到FAST相关新闻的态度？

□支持　　　□反对　　　□担忧　　　□无所谓

您现在对FAST建设的态度？

□支持　　　□反对　　　□担忧　　　□无所谓

您通过什么方式加深了对FAST的认知？

□后续新闻报道　　　□与他人交流　　　□浏览他人评论

□实地参观　　　□其他

FAST相关新闻是否加深了您对中国科学院的认知？

□非常同意　　　□同意　　　□不确定　　　□不同意　　　□完全不同意

您知道以下哪些是中国科学院的成果吗？

□海水稻 　□体细胞克隆猴 　□天河一号超级计算机

您身边的人了解体细胞克隆猴成果吗？

□很了解 　□一般了解 　□不很了解 　□完全不了解

□不太清楚他们是否了解

您通过哪些渠道了解体细胞克隆猴成果相关新闻？

□微信公众号 　□微信朋友圈 　□微博 　□网页 　□手机App

□电视 　□报纸 　□广播电台 　□身边的人 　□其他

您看到体细胞克隆猴相关新闻后采取的行动？

□浏览/收看/收听新闻 　□浏览评论 　□点赞 　□评论

□转发 　□转发并发表自己的观点 　□与朋友讨论

□只看标题，没浏览内容

您第一次看到体细胞克隆猴相关新闻的态度？

□支持 　□反对 　□担忧 　□无所谓

您现在对体细胞克隆猴研究的态度？

□支持 　□反对 　□担忧 　□无所谓

您通过什么方式加深了对体细胞克隆猴研究的认知？

□后续新闻报道 　□与他人交流 　□浏览他人评论 　□其他

体细胞克隆猴相关新闻是否加深了您对中国科学院的认知？

□非常同意 　□同意 　□不确定 　□不同意 　□完全不同意

图书在版编目（CIP）数据

传播学视角下的科研机构品牌资产：以中国科学院

为例 / 帅俊全著. -- 杭州 ：浙江教育出版社，2024.

6. -- ISBN 978-7-5722-8080-1

Ⅰ. G322.2

中国国家版本馆 CIP 数据核字第 2024QC7820 号

责任编辑	傅美贤	责任校对	操婷婷
美术编辑	韩 波	责任印务	沈久凌
封面设计	张伯阳		

传播学视角下的科研机构品牌资产：以中国科学院为例

CHUANBOXUE SHIJIAO XIA DE KEYAN JIGOU PINPAI ZICHAN: YI ZHONGGUO KEXUEYUAN WEI LI

帅俊全　著

出版发行	浙江教育出版社	
	（杭州市环城北路177号）	
图文制作	杭州林智广告有限公司	
印刷装订	杭州捷派印务有限公司	
开　　本	710mm×1000mm　1/16	
印　　张	11.75	
字　　数	152 000	
版　　次	2024 年 6 月第 1 版	
印　　次	2024 年 6 月第 1 次印刷	
标准书号	ISBN 978-7-5722-8080-1	
定　　价	58.00 元	